铁路职业教育铁道部规划教材

（高 职）

机 械 基 础

祖国庆 主 编

中国铁道出版社有限公司

2024年·北京

内 容 简 介

本书为铁路职业教育铁道部规划教材,全书共13章,主要内容有:平面机构概述、平面连杆机构、其他常用机构、连接与键连接、螺纹连接与螺旋传动、带传动与链传动、齿轮传动、蜗杆传动、轮系、轴、轴承、联轴器、实训与社会实践指导。在文字表述方面简明扼要、通俗易懂,大量采用插图,以求直观形象、图文并茂,有助于学生理解和接受。

本书适合高等职业教育学校机械类及相关专业学生。

图书在版编目(CIP)数据

机械基础/祖国庆主编 . —北京:中国铁道出版社,2008.8(2024.1 重印)

铁路职业教育铁道部规划教材 . 高职

ISBN 978-7-113-09088-3

Ⅰ. 机… Ⅱ. 祖… Ⅲ. 机械学-高等学校:技术学校-教材 Ⅳ. TH11

中国版本图书馆 CIP 数据核字(2008)第 133468 号

书　　名:**机械基础**
作　　者:祖国庆

责任编辑:武亚雯　　　电话:(010)51873133　　　电子信箱:td51873133@163.com
编辑助理:阚济存
封面设计:陈东山
责任校对:张玉华
责任印制:樊启鹏

出版发行:中国铁道出版社有限公司(100054,北京市西城区右安门西街 8 号)
网　　址:http://www.tdpress.com
印　　刷:三河市兴博印务有限公司
版　　次:2008 年 8 月第 1 版　2024 年 1 月第 13 次印刷
开　　本:787 mm×1 092 mm　1/16　**印张**:11.75　**字数**:290 千
书　　号:ISBN 978-7-113-09088-3
定　　价:32.00 元

前　言

　　本书由铁道部教材开发小组统一规划,为铁路职业教育规划教材。本书是根据铁路职业教育高职教学计划"机械基础"课程教学大纲编写的,由铁路职业教育机电专业教学指导委员会组织,并经铁路职业教育机电专业教材编审组审定。

　　本书编写过程中,注重教材的实用性,以"必需、够用、实际"为原则。根据学生的实际,淡化理论难度和深度,删除了繁杂的理论推导,只给出必要的结果。大幅减少了复杂的各种计算,最大限度地体现学以致用的原则。

　　本教材以能力为本位,突出认知能力和实践能力的培养,强化基本能力和应用能力。强调实用理论、基本知识。特别在实训与社会实践指导章节中突显出该课程的基本技能和实践能力。

　　全书力求在文字表述方面简明扼要、通俗易懂,大量采用插图,以求直观形象、图文并茂,有助于学生理解和接受。在每章教学基本内容之后,都安排了题型多样、内涵丰富、相当数量的习题,有利于学生的基本理论和基本技能的掌握。

　　本书针对不同层次教育的教学特点,力争做到系统、全面、深入浅出,使教材具有一定的广泛性和实用性。可适合机械类或机电类各专业的高职院校、高级技师学校的学生选用。

　　全书共 13 章,主要内容有:平面机构概述、平面连杆机构、其他常用机构、连接与键连接、螺纹连接与螺旋传动、带传动与链传动、齿轮传动、蜗杆传动、轮系、轴、轴承、联轴器、实训与社会实践指导。通过本课程的学习,使学生能够理解常见机构和常用机械传动的组成结构、工作原理、运动形式、工作特点和实际应用等。

　　本书由太原铁路机械学校祖国庆主编,兰州交通大学周婷,北京电子科技职业学院苏理中参编。其中,第一到第六章由周婷编写;第七、第八章由苏理中编写;绪论和第九到第十三章由祖国庆编写。在本书的编写过程中得到了谢文秀、李雪芳、向秀梅、要文利、杨芳、高伟卫、郭晋荣、李培虎等老师的大力支持,在此向他们表示感谢。

　　由于编者的水平有限,书中难免有错误和不妥之处,希望广大读者给予批评指正。

编　者

2008 年 7 月

目 录

绪　论

第一节　机器的组成

机械是现代社会进行生产和服务的五大要素(即人、资金、能量、材料和机械)之一。任何现代产业和工程领域都需要应用机械,人类在长期的生产和生活实践中创造和发展了机械,越来越多地应用各种机械,如汽车、自行车、钟表、照相机、洗衣机、冰箱、空调机、吸尘器,等等。其目的是为了减轻或替代人的劳动,提高劳动生产率。

本课程是一门介绍机械基础知识和培养学生认知机械能力的课程,它是以组成机器的常用机构及通用零部件为研究对象的学科。

一、机　器

1. 机器的概念

在人们的生产和生活中广泛地使用着各种类型的机器。常见的如内燃机、各类机床、汽车、火车、发电机以及生活中常用到的洗衣机等。以图 0-1 所示的内燃机为例进行分析。

内燃机是由缸体(机架)1、曲轴 2、连杆 3、活塞
4、进气阀 5、排气阀 6、推杆 7、凸轮 8、齿轮 9 和 10 等
部分组成。活塞、连杆、曲轴和缸体组成主体部分,
当燃气推动活塞在汽缸中作往复直线移动时,内燃
机通过连杆使曲轴作连续转动;凸轮、进排气阀推杆
和缸体组成进排气的控制部分,凸轮转动,推动气阀
按一定的运动规律阀门启闭,分别控制进气和排气;
曲轴上的齿轮和凸轮轴上的齿轮与缸体组成传动部
分,曲轴转动,通过齿轮将运动传给凸轮轴。上述三
部分共同将燃气的热能转换为曲轴的机械能。

图 0-1　单缸内燃机结构原理图
1—缸体;2—曲轴;3—连杆;4—活塞;5—进气阀;
6—排气阀;7—推杆;8—凸轮;9、10—齿轮

由内燃机实例分析及其他机器可以看出:机器
是由构件和运动副组成,每个构件都具有确定的相
对运动,并能够代替人类劳动完成有用功或能量转
换的组合体。它是人们根据使用要求而设计的一种
机械装置,用来变换或传递能量、物料、信息,以代替
或减轻人们的体力劳动。

机器都具有三个共同的特征:

(1)机器是由各种零件组合的实体。

(2)机械的各部分之间具有确定的相对运动。

(3)能代替人们的劳动,以完成一定的能量转换或作出有用的机械功。

2. 机器的组成

机器种类繁多,形状各异,但就其功能而言,机器是由四个部分组成的。

原动部分——机器动力与运动来源的部分。它是原动机接受外部能源,通过能量转换,为机器提供动力和运动输入,如电动机将电能转换为机械能、发电机将机械能转换为电能、内燃机将化学能转换为机械能等。最常见的是电动机、内燃机、空气压缩机和液压马达等。

工作部分——机器以确定的运动形式完成有用功的部分。比如:汽车的车轮、起重机的吊钩、机床的刀架、飞机的尾舵和机翼以及轮船的螺旋桨等。

传动部分——把原动部分的动力和运动以一定的运动形式传给工作部分的中间环节。比如:汽车的变速箱、机床的主轴箱、起重机的减速器等。这种中间环节的传动方式主要有机械传动、液压传动、气动传动及电气传动等。

控制部分——控制机器的启动、停止和正常协调动作的部分。比如:汽车的方向盘和转向系统、排挡杆,刹车及其踏板,离合器踏板及油门等就组成了汽车的控制系统。

3. 机器的类型

按照机器的主要用途的不同可分为四种类型。

动力机器——用来实现机械能与其他形式能量之间的转换。如:电动机、内燃机、发电机、液压泵、压缩机等。

加工机器——用来改变物料的状态、性质、结构和形状。如:金属切削机床、粉碎机、压力机、织布机、轧钢机、包装机等。

运输机器——用来改变人或物料的空间位置。如:汽车、机车、缆车、轮船、飞机、电梯、起重机、输送机等。

信息机器——用来获取或处理各种信息。如:复印机、打印机、绘图机、传真机、数码相机、数码摄像机等。

二、机　构

从运动的角度看,机器可以看成是由若干常用机构通过串联、并联、混联、复合及反馈等方式组成,这就为机器的运动分析与设计带来了方便。内燃机就是由三种机构组合而成的:活塞、连杆、曲轴和缸体组成的曲柄滑块机构,将活塞的往复移动变成曲轴的连续转动;凸轮、进排气推杆和缸体构成的凸轮机构,可将凸轮的连续转动变为进排气阀推杆的往复移动;由缸体、齿轮构成的齿轮机构,其作用是改变转速的大小和方向。

由构件和运动副组成,每个构件都有确定的相对运动的组合体称为机构。机构只具有机器的前两个特征。

构件是机器的运动单元体。构件是由若干零件组成的刚性整体,组成构件的每个零件之间不能有相对运动。

机构中的各构件之间是靠运动副联系起来的。两个构件直接接触,并能产生一定的相对运动的连接部位称为运动副。

机构中的构件分为原动件、从动件和固定件(机架)三类。

原动件是机构中接受外部给定运动规律的可动构件。在机构中只有一个或很少数目的构件为原动件,如内燃机的活塞。

从动件是机构中在原动件运动的带动下,产生有规律运动的可动构件。如内燃机的连杆、曲轴等。

固定件是机构中相对静止的构件,它是其他构件具有确定相对运动的参照物。每个机构都有一个构件,也只有一个构件为机架。如内燃机的缸体。

常用机构有齿轮机构、连杆机构、凸轮机构、间歇运动机构等。从结构和运动的观点看,机构和机器没有任何区别,通常用"机械"一词作为机构与机器的总称。

三、零　件

从制造的角度看,机器是由若干个零件装配而成的。零件是机器制造的基本单元体,是不可再拆的整体。零件是采用合适的材料,以一定的加工方法而得到,将这些零件通过相应的装配工艺组装就可得到机器。

零件按其是否具有通用性分为两大类:一类是通用零件,它的应用很广泛,几乎在任何一部机器中都能找到它,如齿轮、轴、轴承、螺栓、螺母、销钉等;另一类是专用零件,它仅用于某些机器中,常可表征该机器的特点,如吊钩、活塞、曲轴、叶片等。

在机器中常把由一组协同工作的零件分别装配的或制造成一个个相对独立的装配的组合件叫部件,部件是机器的装配单元体。如减速器、离合器、滚动轴承、自行车的脚蹬子等。

将机器看成是由零部件组成的,不仅有利于装配,也有利于机器的设计、运输、安装和维修等。按零部件的主要功用可以将它们分为连接与紧固件、传动件、支承件等。在机器中,零部件都不是孤立存在的,它们是通过连接、传动、支承等形式按一定的原理和结构联系在一起的,这样才能发挥出机器的整体功能。

第二节　本课程的性质、任务和学习方法

一、本课程的性质和任务

本课程是一门综合性技术基础课。它主要研究各类机械所具有的共性问题。

该课程任务是通过分析通用零部件、常见机构和常用机械传动的组成结构、工作原理、基本特点、应用场合等,使学生掌握机械的基本知识、基本理论和基本分析技能。

二、本课程的学习方法

(1)着重基本概念的理解和基本分析方法的掌握,不强调系统的理论分析。
(2)着重理解公式建立的前提、意义和应用,不强调对理论公式的具体推导。
(3)注意密切联系生产实际,努力培养解决工程实际问题的能力。

一、填空题

1. 零件是机器_____的基本单元体,是不可再拆的整体。
2. 机器是由若干个_____装配而成。
3. 零件可分为_____和_____两类。
4. 若干个_____刚性组合体称为构件。
5. 组成_____的每个零件之间没有相对运动。

6. 两构件直接接触,并能产生一定的_____的连接部位称为运动副。

7. 由构件和运动副组成的,每个构件都有确定_____的组合体称为机构。

8. 机构中的构件分为_____、_____和_____三种类型。

9. 机器的四个组成部分是_____、_____、_____和_____。

10. 机器动力与运动来源的部分称为_____部分。

11. 把原动部分的运动和动力以一定的运动形式传给工作部分的中间环节称为机器的_____部分。

二、判 断 题

1. 零件是机器的运动单元体。 （　　）

2. 由构件和运动副组成,有一个构件不动,其他构件都在运动的组合体称为机构。 （　　）

3. 机构中必有一个构件为机架。 （　　）

4. 机器运动和动力的来源部分称为工作部分。 （　　）

5. 以一定的运动形式完成有用功的部分是机器的传动部分。 （　　）

三、选 择 题

1. 构件是机器的_____单元。

  A. 装配　　　　　　B. 制造　　　　　　C. 运动

2. 用来实现机械能与其他形式能量之间转换的机器是_____。

  A. 加工机器　　　　B. 动力机器　　　　C. 运输机器

3. 用来改变物料的状态、性质、结构和形状的机器是_____。

  A. 加工机器　　　　B. 动力机器　　　　C. 运输机器

第一章
平面机构概述

机构是用运动副连接起来的构件系统,每个构件都有确定的相对运动,用来传递运动和动力。但是构件的组合体必须具备一定的条件才能称之为机构。

所有构件在同一平面或相互平行的平面内运动的机构称为平面机构,平面机构应用广泛。分析机构时,通常运用规定的一些简单符号和线条绘制出机构运动简图,将具体的机器抽象成简单的运动模型,来表示机构的运动关系。

第一节　运动副及其分类

一、构件自由度

在空间自由运动的一个物体(构件)可能具有 6 个独立运动,如图 1-1(a)所示,这 6 个运动分别是绕 x、y、z 轴的转动运动和沿 x、y、z 轴的移动运动;而一个在平面运动的物体最多有 3 个独立运动,如图 1-1(b)所示,这 3 个运动分别是沿 x、y 轴的两个方向的移动运动和绕 xOy 平面内任意点的转动运动。物体具有的独立运动数目称为物体运动的自由度。所以,在空间自由运动的物体具有 6 个自由度,而在平面上自由运动的物体具则有 3 个自由度。

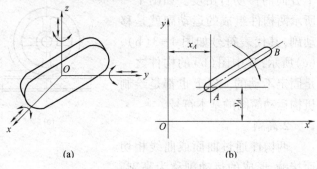

图 1-1　构件自由度

机构中任何一个构件总是以一定的方式与其他构件相互接触,组成运动副。两构件组成运动副后,限制了两构件间的相对运动,这种限制称为约束,使构件的运动自由度减少。机构正是靠构件之间的这种连接约束,使其具有确定的运动形式。

二、平面运动副

如果只允许相互连接的两构件在同一平面或相互平行的平面内作相对运动,这样的运动副称为平面运动副。运动副不外乎是通过点、线、面接触来实现的。根据组成运动副两构件之间的接触特性,运动副可分为:

1.低副

两构件通过面接触组成的运动副称为低副。平面机构中的低副引入两个约束,仅保留一个自由度。平面低副又分为转动副和移动副。

（1）转动副

组成运动副的两构件之间只能绕某一轴线作相对转动的运动副。也叫做铰链。平面机构中的转动副将产生两个方向的移动约束，保留一个转动自由度。

如图1-2所示各构件的连接就是转动副。如果转动副的两构件之一是固定不动的，则该转动副称为固定铰链，其中画有斜线的构件代表固定构件（机架）。代表符号如图1-2（b）所示。若组成转动副的两构件都是运动的，则该转动副称为活动铰链，其代表符号如图1-2（c）所示。图1-2（d）表示转动副位于两构件之一的中部。以上都是绘制机构运动简图的基本符号。

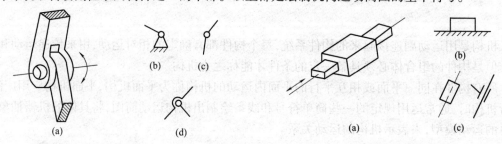

图1-2 转动副   图1-3 移动副

（2）移动副

组成运动副的两构件只能作相对直线移动的运动副。平面机构中的移动副将产生一个方向的移动约束和转动约束，保留一个方向的移动自由度。如图1-3所示两构件组成的运动副就是移动副，其代表符号如图1-3（b）、（c）所示，其中图（b）的构件之一是固定不动的。以上也都是绘制机构运动简图的基本符号。

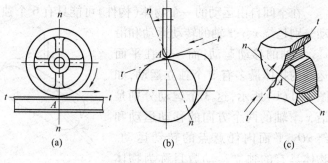

图1-4 高副

2.高副

两构件通过曲面或曲线相切而接触，形成的运动副称为高副。高副是点或线接触。构成平面机构中的高副将产生一个方向的移动约束，保留了另一个方向的移动自由度和转动自由度。图1-4所示的火车车轮与钢轨、凸轮与从动杆、轮齿与轮齿组成都是高副。其代表符号可看图1-10。

若运动副能允许两构件作空间相对运动则该运动副称为空间运动副。

常用空间运动副有螺旋副（图1-5）和球面副（图1-6）。其中，（a）图中箭头表示的是构件的相对运动自由度，（b）图为运动副的代表符号。

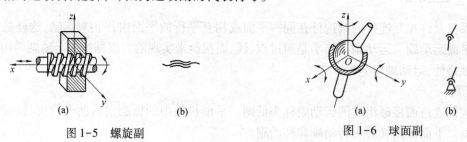

图1-5 螺旋副   图1-6 球面副

第二节　平面机构运动简图

一、机构运动简图

1.机构运动简图概念

在研究机构运动传递情况和结构特征时,不考虑构件和运动副的实际形状结构和尺寸大小,只考虑与运动有关的运动副的数目、类型及相对位置,用简单线条和符号表示构件和运动副。并按一定的比例确定运动副的相对位置以及与运动有关的尺寸,这种用来表示机构组成和实际机构运动情况的简单图形,称为机构运动简图。

2.构件和运动副的表示方法

（1）构件表示方法

可用一条线段或一个三角表示一个构件,如图1-7(a)、(b);可用矩形表示一个构件,这样的构件通常称为滑块如图1-7(c);用一条带半圆弧线线段表示一个构件,半圆弧处和另一个构件组成转动,副如图1-7(d);可用一个圆表示一个构件,常表示齿轮或凸轮,如图1-7(e);可用一个圆弧表示一个构件如图1-7(f);在图1-7(g)中,两条线段有焊点(涂黑处)连成一个整体,表示一个构件。

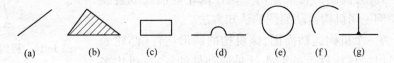

图1-7　构件表示方法

（2）转动副表示方法

转动副表示方法如图1-8所示,其中图1-8(a)、(b)、(c)表示两个构件组成的一般转动副;图1-8(d)、(e)、(f)、(g)是一个构件与机架组成转动副的表示方法。

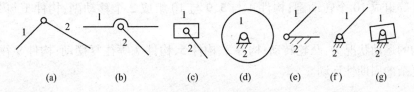

图1-8　转动副表示方法

（3）移动副表示方法

移动副表示方法如图1-9所示,其中图1-9(a)、(c)、(e)表示两个构件组成的一般移动副;图1-9(b)、(d)、(f)是一个构件与机架组成移动副的表示方法。

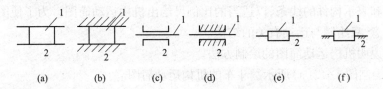

图1-9　移动副表示方法

（4）高副表示方法

高副表示方法如图 1-10 所示,其中图 1-10(a)、(b)表示凸轮机构;图 1-10(d)、(f)表示齿轮机构;图 1-10(c)、(e)是一个构件与机架组成高副的表示方法。

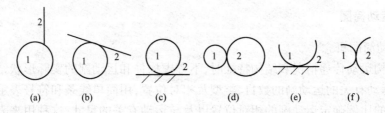

图 1-10　高副表示方法

二、认识机构运动简图

能够正确知道一个机构运动简图的构件数目、转动副数目、移动副的数目和高副的数目;能够知道该机构大概的运动状况,就是所谓认识机构运动简图。确定机构运动简图构件数目时,一般都是由原动件开始逐一地确定构件数目,并加以编号,防止重数和漏数,最后落在机架上;转动副的特征就是两个构件组成的小圆圈;移动副的特点是有滑块或机架上开槽;高副的特征是两个构件以轮廓曲线或直线相切。下面举例说明机构运动简图的认知方法。

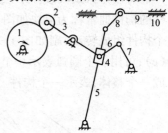

图 1-11　机构运动简图

图 1-11 为一个机构运动简图,该机构的圆形构件(凸轮表示方法)是原动件,该构件上的箭头就是原动件的标志;机构多处画有斜线的构件代表固定构件(机架),机架只有一个。凸轮构件为 1 构件;小轮子为 2 构件;带有半圆弧的线段为 3 构件;矩形构件称为滑块为 4 构件;与滑块组成移动副的长杆(也常称为导杆)为 5 构件,这个穿过滑块两段线段表示的却是一个构件;顺序的可以数出 6、7、8、9 构件;最后机架是 10 构件。构件 1 与 10、2 与 3、3 与 10、3 与 4、4 与 6、6 与 7、7 与 10、5 与 10、5 与 8、8 与 9 等组成 10 个转动副;构件 4 与 5、9 与 10 组成 2 个移动副;构件 1 与 2 组成 1 个高副。

该机构的运动状况为:凸轮转动;构件 3、构件 5、构件 7 等往复摆动;构件 9 往复移动;其他构件做复杂的周期性运动。

三、绘制机构运动简图

绘制机构运动简图时,首先去掉与运动无关的结构部分,把运动部分抽象为刚性杆件,然后弄清机构的实际构造和运动状况,找出机构的原动件、从动件和机架;并沿着传动路线弄清其他构件的作用和各运动副的性质。在此基础上选择能够表达构件运动关系的视图平面,用运动副的符号和表示构件的线条,以适当的比例尺绘出机构运动简图。为了使图形简单清晰,绘图时应当注意,只绘制与运动有关的结构。

下面举例说明机构运动简图的绘制方法。

例 1-1　绘制图 1-12(a)所示翻斗车的机构运动简图。

解:图示的翻斗车的自动卸料机构由车身 1、翻斗 2、活塞杆 3 和液压缸 4 组成,各构件之间都是低副,有 1 个移动副和 3 个转动副。机构运动简图如 1-12(b)所示。

例 1-2　绘制图 1-13(a)所示牛头刨床的主体机构运动简图。

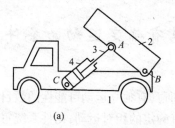 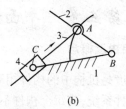

(a)　　　　　　　　　　　(b)

图 1-12　翻斗车及其机构运动简图

解：牛头刨床主体机构由两个机构组成：

齿轮机构：齿轮 1、齿轮 2 和床身 7。齿轮与床身组成转动副,齿轮啮合组成高副。

平面六杆机构：齿轮 2、滑块 3、摇杆 4、滑块 5、滑枕 6 和床身 7 等构件，共有 4 个转动副和 3 个移动副。机构运动简图如 1-13(b)所示。

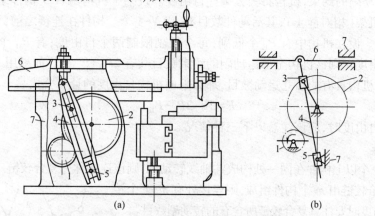

(a)　　　　　　　　　　　(b)

图 1-13　牛头刨床及其机构运动简图

例 1-3　绘制图 1-14(a)所示的单缸内燃机机构运动简图。

解：单缸内燃机机构由连杆机构、齿轮机构和凸轮机构三个机构组成。

齿轮机构：齿轮 9、齿轮 10、机架 1 三个构件组成齿轮机构。

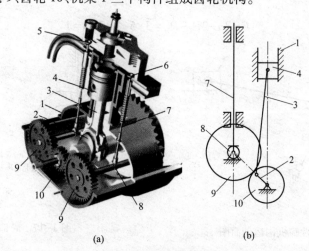

(a)　　　　　　　　　　　(b)

图 1-14　单缸内燃机

平面四杆机构：活塞 4、连杆 3、曲轴 2(齿轮 10)、机架 1 四个构件组成平面四杆机构。

凸轮机构：凸轮 8(齿轮 9)、进排气阀推杆 7、机架 1 三个构件组成凸轮机构。机构运动简图如 1-14(b)所示。

第三节　平面机构具有确定运动的条件

一、机构的自由度概念

机构的自由度是机构中的构件相对于机架所具有独立运动可能性的数目总和。构件通过运动副连成的构件系统,其每个构件不一定具有确定的相对运动,构件系统每个构件的运动都有确定相对运动时才能称为机构,系统的运动是否确定和其自由度的数目有关。

二、平面机构自由度的计算

平面机构的每个构件,在没有与其他构件组成运动副连接之前,都有 3 个自由度。而在连接之后,由于运动副的约束,机构将失去某些自由度。设某个机构由 N 个构件组成,其中必定有一个构件为机架(相对静止),其活动件数目有 $n = N-1$ 个。构件在连接之前,全部活动件共有 $3n$ 个自由度。设在机构中有 P_L 个低副,每个低副限制两个自由度;有 P_H 个高副,每个高副限制一个自由度。则该机构全部运动副的约束数目共有 $2P_H + P_L$ 个。如果用 F 表示机构的自由度,也就是机构具有的独立运动数目,那么平面机构自由度的计算公式是

$$F = 3n - 2P_L - P_H$$

计算机构自由度时,应该注意以下三种情况。

1.复合铰链

若三个或三个以上构件在同一处构成共轴线转动副,则该连接称为复合铰链。如图 1-15 所示。显然,若复合铰链由 m 个构件组成,则连接处有 $m-1$ 个转动副。计算自由度时要注意复合铰链所含有的转动副数目。

例 1-4　试计算图 1-16 所示惯性筛机构的自由度。

解:机构中构件 2、3、4 三个构件在 C 点构成复合铰链,该处的是两个转动副,有:$N=6, n=N-1=5, P_L=7, P_H=0$,该机构的自由度为

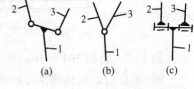

图 1-15　复合铰链

$$F = 3n - 2P_L - P_H = 3 \times 5 - 2 \times 7 - 0 = 1$$

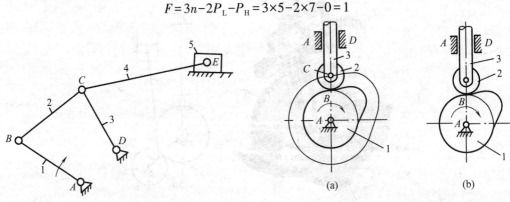

图 1-16　惯性筛机构运动简图　　　　　　图 1-17　局部自由度

2.局部自由度

机构中某些构件具有局部的、不影响其他构件运动的自由度,称为局部自由度。对于含有局部自由度的机构在计算自由度时,不考虑局部自由度。设想把产生局部自由度的构件与和它组成转动副的构件相互固定使之成为一个构件(除去它们之间的转动副),再进行自由度计算。

例1-5　试计算图1-17(a)所示凸轮机构的自由度。

解：$N=4$，$n=N-1=3$，$P_L=3$，$P_H=1$，该机构的自由度为

$$F=3n-2P_L-P_H=3\times3-2\times3-1=2$$

计算结果与实际情况不符，其原因就是计入了局部自由度。局部自由度产生于滚子2，它的转动对凸轮1和从动杆3的运动规律没有任何影响，它的转动就是局部自由度。计算自由度时应将滚子2和从动杆3焊接成一体，如图1-17(b)所示。使滚子2与从动杆3变成一个构件（除掉滚子2和从动杆3组成的转动副）。这时，$N=3$，$n=N-1=2$，$P_L=2$，$P_H=1$，该机构的实际自由度为

$$F=3n-2P_L-P_H=3\times2-2\times2-1=1$$

局部自由度虽不影响机构的运动规律，但可改善机构的工作状况。如上例所见，若在从动杆上安装滚子，就可减轻从动杆与凸轮的摩擦，减少构件的磨损，所以在机械中经常有局部自由度出现。

3.虚约束

在机构中与其他约束重复而不起限制运动作用的约束称为虚约束。在计算机构自由度时，应将虚约束去掉不计。

例1-6　计算图1-18所示机构的自由度。

解：$N=5$，$n=N-1=4$，$P_L=6$，$P_H=0$，该机构的自由度为

$$F=3n-2P_L-P_H=3\times4-2\times6-0=0$$

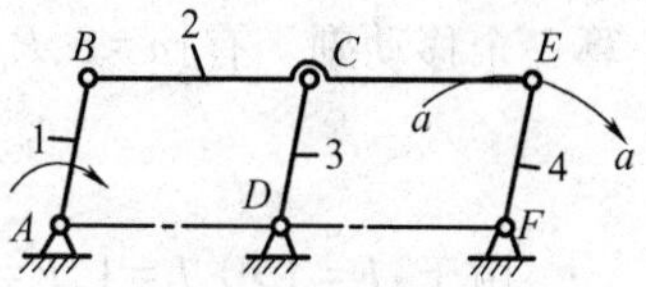

图1-18　虚约束

计算结果表明该机构不能运动。实际情况是该机构具有确定的相对运动。如果我们把E铰链拆开，去掉杆件4，当原动件1运动时，连杆2作平移，则杆2上的E点的轨迹是以F点为圆心，杆4的长度为半径的圆周。由于杆件4上的E点也是F点为圆心的圆周，和连杆2上的E点轨迹重合。所以杆4存在与否对机构的运动没有影响。也就是说，构件4和转动副E和F的存在，对机构的运动没有任何限制作用，因而是个虚约束。

这时，去掉虚约束（一个构件4和两个转动副E和F）则：$N=4$，$n=N-1=3$，$P_L=4$，$P_H=0$，该机构的实际自由度为

$$F=3n-2P_L-P_H=3\times3-2\times4-0=1$$

平面机构虚约束常出现在下列情况中：

（1）被连接件上点的轨迹与机构上连接点的轨迹重合时，这种连接将出现虚约束。

（2）两个构件组成多个移动副其导路互相平行时或重合，只有一个移动副起约束作用，其余都是虚约束。

（3）两个构件组成多个转动副其轴线重合时，只有一个转动副起约束作用，其余都是虚约束。例如一根轴上安装多个轴承。

（4）机构中对运动不起限制作用的对称部分。

虚约束虽对机构运动不起约束作用，但可起到改善机构受力状况和运动状况等作用，所以在机构中常有重复约束出现。虚约束都是在一定的几何条件下形成的。如果这种几何条件不能满足，则虚约束就成为实际约束。

三、机构运动状态分析

使构件系统的每个构件具有确定相对运动的充分和必要条件为：构件系统的自由度必须大于零，且原动件的数目必须等于自由度数。

设机构的主动构件数目为 L，机构的自由度数目 F。则机构运动有以下结果：

1.当 $F \leqslant 0$ 时

机构不会产生运动，是个静态的桁架。必须重新设计才能成为机构。

2.当 $F \geqslant 1$ 同时 $F = L$

机构运动完全确定，构件系统是个机构。

3.当 $F \geqslant 1$ 同时 $F > L$

机构的运动不确定，每个构件随机乱动没有规律。可以增加主动构件数目使其变成机构。

4.当 $F \geqslant 1$ 同时 $F < L$

机构被卡死而不能运动。可以减少主动构件数目使其变成机构。

例 1-7 已知机构运动简图如图 1-11 所示，求机构的自由度。机构运动是否确定？

解： 该机构中小轮子构件 2 是局部自由度，小轮子 2 与从动件构件 3 应固定为一体，并去掉它们之间组成的转动副；机构中构件 3、构件 4、构件 6 三个构件在同一点组成复合铰链，该处应是两个转动副；构件 9 与机架 10 组成两个同轴移动副，产生了虚约束，这两个移动副只能算一个移动副。有：$n=8$，$P_L=11$，$P_H=1$。该机构自由度为

$$F = 3n - P_L - P_H = 3 \times 8 - 2 \times 11 - 1 = 1$$

由于：$F = 1 > 0$，$L = 1$，$F = L$，

所以：机构运动确定。

习　题

一、填空题

1.构件在＿＿＿＿＿＿的平面内运动的机构称为平面机构。

2.组成运动副的两构件只能作相对＿＿＿＿＿＿的运动副称为移动副。

3.组成运动副的两构件之间只能绕某一轴线作＿＿＿＿＿＿的运动副称为转动副。

4.两构件通过＿＿＿＿＿＿相切而接触运动副称为高副。

5.平面机构自由度的计算公式是 $F = $＿＿＿＿＿＿。

二、判断题

1.若复合铰链由 m 个构件组成，则连接处有 m 个转动副。　　　　　　（　　）

2.机构中某些构件具有局部的、不影响其他构件运动的自由度，称为局部自由度。（　　）

3.在机构中与其他约束重复而不起限制运动作用的约束称为虚约束。　　（　　）

4.两个构件组成多个移动副其导路互相平行时，只有一个移动副起约束作用。（　　）

5.两个构件组成多个转动副其轴线重合时，只有一个转动副起约束作用。（　　）

三、选择题

1.机构运动完全确定，应该是＿＿＿＿＿＿。

　　A.$F \leqslant 0$　　　B.$F \geqslant 1$ 且 $F = L$　　　C.$F \geqslant 1$ 且 $F > L$　　　D.$F \geqslant 1$ 且 $F < L$

2.机构随机乱动,应该是_____。

　　A.$F \leqslant 0$　　　B.$F \geqslant 1$ 且 $F = L$　　　C.$F \geqslant 1$ 且 $F > L$　　　D.$F \geqslant 1$ 且 $F < L$

四、计 算 题

机构运动简图如图 1-19 所示,判断机构运动状况。

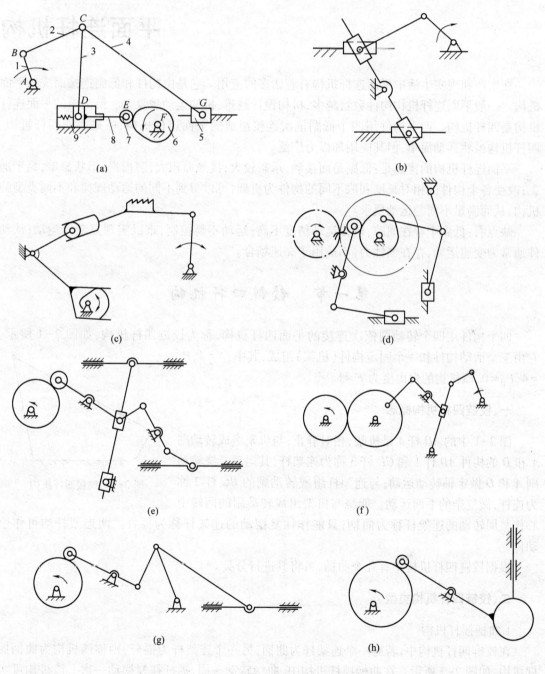

图　1-19

第二章
平面连杆机构

在生产和现实生活中平面连杆机构有着诸多的应用。它是由构件和低副连接而成的平面机构。一般平面连杆机构构件数目越多,机构设计越难,机构运动越复杂。最简单的平面连杆机构是四杆机构。四个构件用四个低副依次连接组成的平面连杆机构,就是平面四杆机构。四杆机构虽然运动简单,但其应用却极为广泛。

平面连杆机构的优点是:低副是面接触,承载较大;接触面积大,磨损慢;形状简单,易于加工;改变各个构件的相对长度和取不同的构件为机架,可以得到不同的运动规律和不同类型的机构,从而满足不同的运动要求。

缺点有:低副中存在间隙,机构运动精度不高;运动不易控制,难以实现复杂的运动;从动件通常为变速运动,存在惯性力,不适用于高速场合。

第一节 铰链四杆机构

四个构件用四个转动副依次连接的平面四杆机构,称为铰链四杆机构,如图 2-1 所示。它由三个活动构件和一个固定构件(机架)组成,其中:$N=4$,P_L $=4$,$P_H=0$,该机构的自由度为 $F=1$。

一、铰链四杆机构概念

图 2-1 中的 AD 杆 4 是机架,相对静止;与机架组成转动副 A 和 D 的构件 AB 杆 1 和 CD 杆 3 称为连架杆,其运动是绕转动副 A 和 D 做定轴转动运动;与连架杆组成转动副的 BC 杆 2 称为连杆,做复杂的平面运动。能绕与机架组成转动副的回转中心作整周转动的连架杆称为曲柄;只能作往复摆动的连架杆称为摇杆。两连架杆均可作原动件。

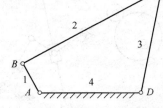

图 2-1 铰接四杆机构

根据铰链四杆机构中有几个曲柄,可将其进行分类。

二、铰链四杆机构类型

1.曲柄摇杆机构

在铰链四杆机构中,若有一个连架杆为曲柄,另一个连架杆为摇杆,则称该机构为曲柄摇杆机构,如图 2-2 所示。在曲柄摇杆机构中,曲柄转动一周,摇杆往复摆动一次。该机构可实现曲柄的整周转动与摇杆的往复摆动互换。常见的是曲柄的主动整周转动转换为摇杆的从动往复摆动。如图 2-3 所示的颚式碎矿机,当原动件曲柄 AB 整周转动时,通过连杆 BC,使与摇

杆 CD 和固定斜板之间的夹角产生变化,达到破碎
矿石的目的。图 2-4 为汽车前窗的刮雨器,当主
动曲柄 AB 回转时,从动摇杆 CD 作往复摆动,利
用摇杆的延长部分实现刮雨动作。图 2-5 所示的
雷达天线机构,当原动件曲柄 1 转动时,通过连杆
2,使与摇杆 3 固结的抛物面天线作一定角度的摆
动,以调整天线的俯仰角度。曲柄摇杆机构也可
以是摇杆为主动件做往复摆动转换为曲柄的从动

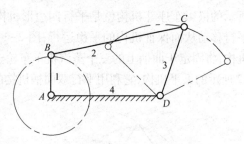

图 2-2 曲柄摇杆机构

整周转动。如图 2-6 所示的缝纫机踏板机构,就是将脚踏板 CD 的往复摆动转化为大带轮 AB
的整周转动。

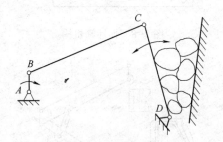

图 2-3 颚式碎矿机机构

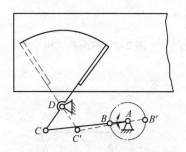

图 2-4 汽车前窗刮雨器机构

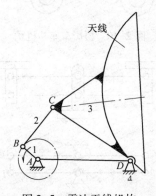

图 2-5 雷达天线机构

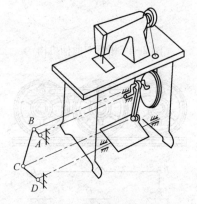

图 2-6 缝纫机踏板机构

2.双曲柄机构

在铰链四杆机构中,若两个连架杆都能做整周转动,即两连架杆均为曲柄,则称该机构为
双曲柄机构,如图 2-7 所示。

一般的双曲柄机构,当主动曲柄以等角速度转动一周时,从动曲柄忽快忽慢地变角速度转
动一周,即两曲柄转动的角速度不相等。如图 2-8 所示的惯性筛机构就是利用从动曲柄变速
产生的惯性,使物料来回抖动,从而提高了筛选效率。

在双曲柄机构中,若两对边平行并且相等,且两曲柄转动方向相同,则称为平行双曲柄机
构,如图 2-9 所示。平行双曲柄机构的主动曲柄与从动曲柄的运动状态完全相同,瞬时角速
度恒相等,且连杆 BC 做平行移动。

平面双曲柄机构的特殊的构件运动特点使其在生产和生活中有广泛的应用。如图 2-10

所示的摄影车座斗机构就是平行四边形机构的实际应用,由于两曲柄作等速同向转动,连杆做平行移动从而保证机构的平稳运行;图2-11所示的蒸汽机车联动机构,就是利用平行双曲柄机构,将固定于曲柄上的三个蒸汽机车车轮全部变成主动轮,使它们的转动状况完全相同;图2-12所示的天平机构,它利用平行双曲柄机构的连杆做平行移动,使天平盘始终处于水平位置。

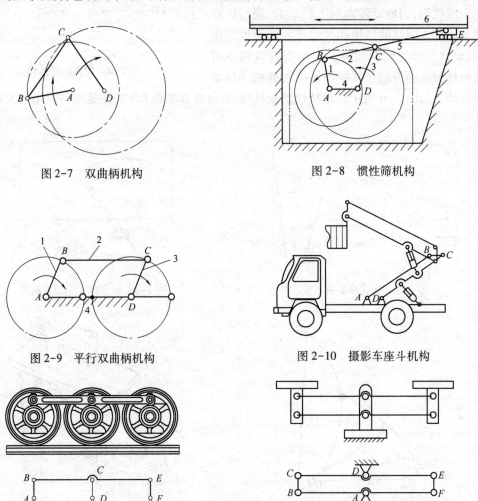

图2-7　双曲柄机构

图2-8　惯性筛机构

图2-9　平行双曲柄机构

图2-10　摄影车座斗机构

图2-11　蒸汽机车联动机构

图2-12　天平机构

3.双摇杆机构

在铰链四杆机构中,若两个连架杆均为摇杆,则称该机构为双摇杆机构,如图2-13所示。在双摇杆机构中,主动摇杆摆动一次,从动摇杆也摆动一次,其应用也很广泛。如图2-14所示的鹤式起重机机构,当摇杆AB摆动时,另一摇杆CD随之摆动,使得悬挂在E点重物能沿水平直线的方向移动。图2-15是电风扇摇头机构,电机装在摇杆上,铰链A处装有一个与连杆固结在一起的蜗轮。电机转动时,电机轴上的蜗杆带动蜗轮迫使连杆绕A点作整周转动,从而使两个连架杆作往复摆动,达到风扇摇头的目的。图2-16所示的飞机起落架中所用的双摇杆机构,

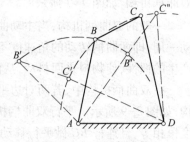

图2-13　双摇杆机构

图中实线表示起落架放下时的位置,虚线表示起落架收起时的位置。如图 2-17 所示的汽车前轮转向操纵机构,是两摇杆长度相等的等腰梯形机构。车轮分别固连在两摇杆上,当推动摇杆时,两前轮以不同的速度转动,使汽车转弯时,两轮能与地面作纯滚动,减小了轮胎的磨损。

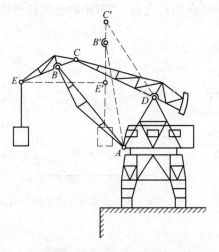

图 2-14　鹤式起重机机构

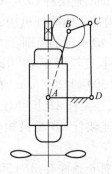

图 2-15　电风扇摇头机构

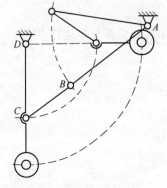

图 2-16　飞机起落架机构

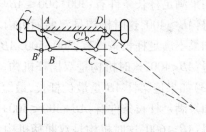

图 2-17　汽车前轮转向操纵机构

三、铰链四杆机构曲柄存在的条件

上述铰链四杆机构的三种形式,其区别在于机构中有几个曲柄。铰链四杆机构是否有曲柄则由各杆相对长度来决定,铰链四杆机构的杆长是指每个杆上两个转动副中心之间的距离。如图 2-1 所示的杆 1、2、3、4 的 AB、BC、CD 和 AD 距离。

1.铰链四杆机构曲柄存在条件

被判定的连架杆如果满足:

(1)该连架杆或机架杆是四个杆长中的最短杆。(最短条件)

(2)四个杆长的最短杆与最长杆长度之和小于或等于其余两杆长度之和。(杆长条件)

则:该连架杆是曲柄,否则是摇杆。

2.铰链四杆机构曲柄存在条件的推论

根据曲柄存在条件可以有如下推论:

(1)若四杆机构中最短杆与最长杆长度之和小于或等于其余两杆长度之和,则:

① 当最短杆为连架杆时,为曲柄摇杆机构;

② 当最短杆为机架时,为双曲柄机构;

③ 当最短杆为连杆时,为双摇杆机构。

(2)若四杆机构中最短杆与最长杆长度之和大于其余两杆之和,则不论取任何杆为机架,都是双摇杆机构。

例 2-1　在图 2-18 所示的铰链四杆机构中,已知连杆 $BC=500$ mm,连架杆 $CD=400$ mm,机架 $AD=300$ mm。当该机构是曲柄摇杆机构、双曲柄机构、双摇杆机构时,求:杆 AB 长度的范围。

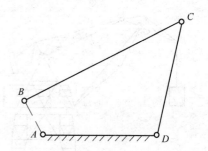

图 2-18　确定铰链四杆机构杆长范围

解:杆 AB 长度最短有 $AB>0$;最长有 $AB<AD+CD+BC=300+400+500=1\ 200$ mm。在杆 AB 长度区间(0,1 200)范围中,连架杆 AB 长度有三种可能性:

(1)如果连架杆 AB 是最短杆长,最长杆长是连杆 BC。

如果满足杆长条件有:$AB+500 \leqslant 300+400$,

得:$AB \leqslant 200$,这时机构是曲柄摇杆机构。

如果不满足杆长条件有:$AB+500>300+400$,

得:$AB>200$,这时机构是双摇杆机构。

(2)如果连架杆 AB 是中间杆长,最短杆长是机架杆 AD,最长杆长是连杆 BC。

如果满足杆长条件有:$300+500 \leqslant AB+400$,

得:$AB \geqslant 400$,这时机构是双曲柄机构。

如果不满足杆长条件有:$300+500>AB+400$,

得:$AB<400$,这时机构是双摇杆机构。

(3)如果连架杆 AB 是最长杆长,最短杆长是机架杆 AD。

如果满足杆长条件有:$AB+300 \leqslant 500+400$,

得:$AB \leqslant 600$,这时机构是双曲柄机构。

如果不满足杆长条件有:$AB+300>500+400$,

得:$AB>600$,这时机构是双摇杆机构。

综合上述结果可得:AB 杆长在(0,200]区间内是曲柄摇杆机构;AB 杆长在(200,400)区间内是双摇杆机构;AB 杆长在[400,600]区间内是双曲柄机构;AB 杆长在(600,1200)区间内是双摇杆机构。

第二节　其他四杆机构

图 2-19 是四个构件用三个转动副和一个移动副依次相连接组成的一个移动副四杆组合体。与滑块构件 3 组成移动副的构件 4 称为导杆。在这样的组合体中取不同的构件为机架则得到不同的四杆机构。一个移动副的四杆机构,有:$N=4$,$P_L=4$,$P_H=0$,机构的自由度为 $F=1$。

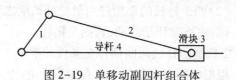

图 2-19　单移动副四杆组合体

一、曲柄滑块机构

在图 2-19 中取导杆 4 为机架组成的机构称为曲柄滑块机构,如图 2-20 所示。机构的连架杆 AB 为曲柄做整周转动;连杆 BC 做复杂的平面运动;滑块做往复直线移动。曲柄转动一周,滑块往复直线移动一次。曲柄回转中心到滑块导路中心的距离 e 称为偏心距,如果 $e=0$ 则称为对心曲柄滑块机构,如图 2-20(a)所示;如果 $e>0$ 则称偏置曲柄滑块机构,如图 2-20(b)所示。曲柄滑块机构的滑块两极限位置 C_1 和 C_2 的距离称为机构的行程(H)。

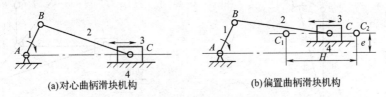

(a)对心曲柄滑块机构　　　　　　　(b)偏置曲柄滑块机构

图 2-20　曲柄滑块机构

曲柄滑块机构的曲柄存在条件是:曲柄长与偏心距的和小于或等于连杆长。

曲柄滑块机构可将曲柄的主动整周转动转换为滑块的从动往复移动,如图 2-21 所示的自动送料装置;图 2-22 所示为爬杆机器人,这种机器人模仿尺蠖的动作向上爬行,其爬行机构就是曲柄滑块机构。曲柄滑块机构也可将滑块的主动往复移动转换为曲柄的从动整周转动,如绪论图 0-1 所示的单缸内燃机机构。

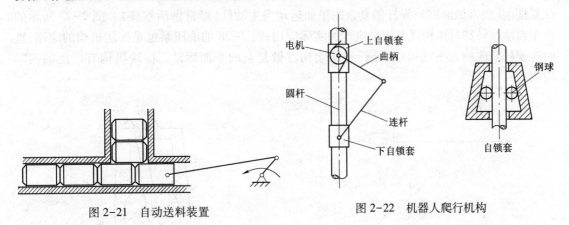

图 2-21　自动送料装置　　　　　　　　　图 2-22　机器人爬行机构

二、导杆机构

在图 2-19 中取与导杆组成转动副的构件 1 为机架组成的机构称为导杆机构,即导杆与机架组成转动副。导杆机构连架杆是曲柄做整周转动(一般它是主动构件),滑块做复杂平面运动。根据导杆(一般它是从动构件)的运动状况导杆机构可以分为如下机构。

1.转动导杆机构

当:连架杆长≥机架杆长,导杆可以做整周转动,称为转动导杆机构,如图 2-23(a)所示。

2.摆动导杆机构

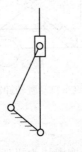
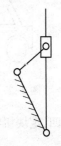

(a)转动导杆机构　　(b)摆动导杆机构

图 2-23　导杆机构

当:连架杆长<机架杆长,导杆只能做往复摆动,称为摆动导杆机构,如图2-23(b)所示。

如图2-24所示为牛头刨床中所用的摆动导杆机构,如图2-25所示为小型刨床用的转动导杆机构。

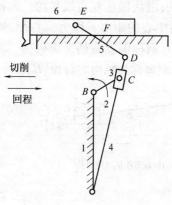

图2-24 牛头刨床机构

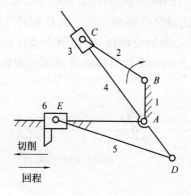

图2-25 小型刨床机构

三、摇块机构

在图2-19中取与滑块组成转动副的构件2为机架组成的机构称为摇块机构,即滑块与机架组成转动副,如图2-26所示。摇块机构的连架杆经常是摇杆做往复摆动为从动件;滑块做往复摆动(经常做油缸);导杆做复杂的平面运动为主动件(经常做活塞杆)。图2-27所示的汽车自动翻转卸料机构就是摇块机构的实际应用;图2-28的液压泵也是摇块机构的应用,这时连架杆是曲柄为主动构件,导杆是从动构件做复杂的平面运动。摇块机构有广泛的实际应用。

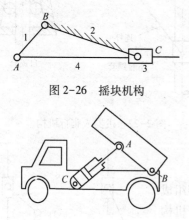

图2-26 摇块机构

图2-27 汽车自动翻转卸料机构

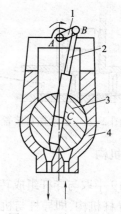

图2-28 液压泵机构

四、定块机构

在图2-19中取滑块为机架组成的机构称为定块机构,如图2-29所示。该机构的连架杆是摇杆做往复摆动,连杆是主动件做复杂的平面运动,导杆是从动件做往复的直线移动。图2-30所示的手压泵机构就是定块机构的实际应用。

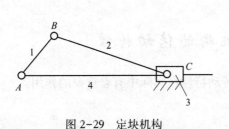

图 2-29　定块机构　　　　　　　　图 2 30　手压泵机构

五、双移动副四杆机构

四个构件用两个转动副和两个移动副依次相连接组成的四杆机构,称为双移动副四杆机构。

1.正弦机构

正弦机构如图 2-31(a)所示。连架杆 1 为曲柄做整周转动,滑块 2 做复杂的平面运动,导杆 3 做往复直线移动。该机构导杆移动位移 y 与曲柄转角 δ 满足正弦规律,即 $y=a\sin\delta$。如图 2-31(b)所示的刺布机构就是正弦机构的实际应用。

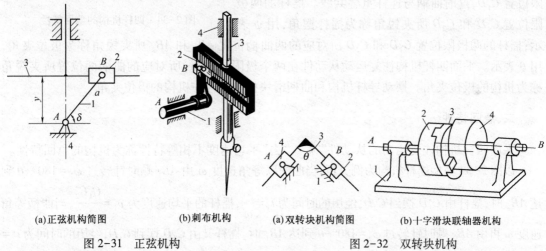

(a)正弦机构简图　　　(b)刺布机构　　　(a)双转块机构简图　　　(b)十字滑块联轴器机构

图 2-31　正弦机构　　　　　　　　　图 2-32　双转块机构

2.双转块机构

双转块机构如图 2-32(a)所示。两个滑块 2 和 4 与机架 1 组成转动副做整周转动,导杆 3 与滑块 2、4 同时组成两个移动副。主动滑块转动一周,通过导杆带动从动滑块也转动一周。如图 2-32(b)所示的十字滑块联轴器机构就是双转块机构的实际应用。

3.双滑块机构

双滑块机构如图 2-33(a)所示。

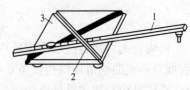

(a)双滑块机构简图　　　　(b)椭圆仪机构

图 2-33　双滑块机构

滑块 2 和 4 与机架 3 组成两个移动副,两个滑块沿机架两个相互垂直的方向做直线移动,杆件 1 与两个滑块组成转动副,并保持两个滑块 2 和 4 的距离不变。在两个滑块的移动运动中,杆件 1 上的任意一点的运动轨迹都是椭圆(杆件中心点轨迹是个圆)。如图 2-33(b)所示的椭圆仪机构就是双滑块机构的实际应用。

第三节 平面四杆机构的传动特性

平面四杆机构在传递运动和动力时所显示的传动特性在实际中有着重要的作用。

一、平面四杆机构位置和极位夹角

在图 2-34 所示的曲柄摇杆机构中,铰链 B 的轨迹,是以铰链 A 的转动中心为圆心,曲柄 AB 的长度为半径的圆周称为曲柄圆;铰链 C 的轨迹, 是以铰链 D 的转动中心为圆心,摇杆 CD 的长度为半径的圆弧称为摇杆弧。当曲柄为主动构件时,摇杆作往复摆动。以 A 为圆心,连杆 BC 和曲柄 AB 之和为半径交摇杆弧于 C_2 点就是摇杆的右极限位置 C_2D, 这时曲柄与连杆伸展共线;以 A 为圆心,连杆 BC 和曲柄 AB 之差为半径交曲柄圆于 C_1 点就是摇杆的左极限位置 C_1D,这时曲柄与连杆重叠共线。摇杆的两极限位置 C_1D 和 C_2D 所夹锐角称为摇杆摆角,用 ψ 表

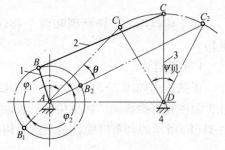

图 2-34 四杆机构的急回特性

示;摇杆的两极限位置 C_1D 和 C_2D 所对应的两曲柄位置 AB_1 和 AB_2 所夹锐角称为极位夹角,用 θ 表示。平面四杆机构往复运动从动件在两个极限位置时,所对应的曲柄两位置所夹锐角称为机构的极位夹角。摆动导杆机构和曲柄滑块机构也存在机构的极位夹角。

二、急回特性

平面四杆机构往复运动的从动件"来"、"去"平均速度不相等特性称为机构的急回特性。

以图 2-34 曲柄摇杆机构为例分析,当曲柄以等角速度 ω 由 AB_1 顺时针转过 $\varphi_1 = 180° + \theta$ 到达 AB_2 时,摇杆由 C_1D 摆到 C_2D,经历的时间为 $t_1 = \dfrac{\varphi_1}{\omega}$,摇杆的平均速度为 $\nu_1 = \dfrac{C_1C_2}{t_1}$;当曲柄等角速度 ω 再由 AB_2 顺时针转过 $\varphi_2 = 180° - \theta$ 到达 AB_1 时,摇杆又由 C_2D 摆到 C_1D,经历的时间为 $t_2 = \dfrac{\varphi_2}{\omega}$,摇杆的平均速度为 $\nu_2 = \dfrac{C_1C_2}{t_2}$。因 $\varphi_1 > \varphi_2$,所以 $t_1 > t_2$,$\nu_1 < \nu_2$,即摇杆摆回速度比摆去速度快。

为了说明机构急回特性的程度,引入机构的行程速比系数,用 K 表示。即:

$$K = \frac{快速}{慢速} = \frac{\nu_2}{\nu_1} = \frac{t_1}{t_2} = \frac{\varphi_1}{\varphi_2} = \frac{180° + \theta}{180° - \theta} \geq 1$$

机构有无急回特性取决于机构的极位夹角 θ。当 $\theta = 0$,$K = 1$,快速=慢速,机构没有急回特性,如对心式曲柄滑块机构就是 $\theta = 0$;当 $\theta \neq 0$,$K > 1$,机构就有急回特性,如曲柄摇杆机构、偏置曲柄滑块机构和摆动导杆机构等都具有急回特性。机构的极位夹角越大,机构的急回特性越明显。机构的急回特性可以减少机器的空行程时间,提高生产效率。

三、传动角和压力角

机构的从动件上,主动力作用点的速度方向与主动力方向所夹锐角,称为机构压力角,用

α 表示;机构压力角 α 的余角 $\gamma = 90° - \alpha$ 称为机构的传动角。在如图 2-35 所示的曲柄摇杆机构中,曲柄 1 为主动件,摇杆 3 为从动件。曲柄 1 通过连杆 2,作用于摇杆 3 的主动力作用点是铰链 C 点;该点的速度方向 v_C 垂直于摇杆 CD;该点受到的主动力 F 沿连杆 BC 方向(若忽略各杆的质量和运动副中的摩擦影响,连杆 BC 是二力杆)。力 F 与速度 v_C 所夹锐角就是机构压力角 α。真正推动从动摇杆克服阻力产生转动的力是机构有效分力 $F_t = F\cos\alpha = F\sin\gamma$,它是主动力 F 在速度 v_C 方向的分力。

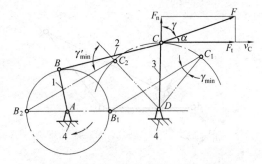

图 2-35 曲柄摇杆机构的传动角和压力角

可以看出:机构压力角 α 越小(传动角 γ 越大),有效分力 F_t 越大,机构传力性能越好,机构的传动效率越高。由于 γ 角便于观察和测量,工程上常以传动角来衡量机构的传力性能。在机构运动过程中,压力角和传动角的大小是随机构位置而变化的,传动角变动范围必有最大角和最小角。为保证机构的良好传力性能,设计时通常应使 $\gamma_{min} \geqslant 40°$。

在图 2-35 所示的曲柄摇杆机构中,曲柄为主动件时,其最小传动角发生在曲柄与机架共线的两个位置,取其最小的传动角,就是机构的最小传动角。对于曲柄滑块机构,当主动件为曲柄时,最小传动角出现在曲柄与机架垂直的位置,如图 2-36 所示。

图 2-37 所示的导杆机构,由于在任何位置时主动曲柄通过滑块传给从动杆的力的方向,与从动杆受力的速度方向始终一致,所以传动角始终等于 90°。

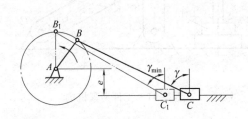

图 2-36 偏置曲柄滑块机构的最小传动角

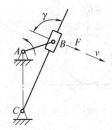

图 2-37 摆动导杆机构的传动角

四、机构死点

机构运动到某一位置时,机构的压力角 $\alpha = 90°$(传动角 $\gamma = 90°$)称为机构的死点位置。在图 2-38 所示的曲柄摇杆机构中,若摇杆 CD 为原动件,曲柄 AB 为从动件,当摇杆 CD 摆到 C_1D 和 C_2D 极限位置,对应的曲柄两个位置 AB_2 和 AB_1,从动曲柄上有传动角 $\gamma = 0°$,这就是机构死点位置。

机构在死点位置其有效分力 $F_t = 0$,则不论主动力多大都不能使从动件产生运动,会出现从动件卡死不动或运动不确定的现象。在曲柄滑块机构中,以滑块为主动件、曲柄为从动件时,死点位置是连杆与曲柄伸展和重叠两个共线位置;摆动导杆机构中,导杆为主动件、曲柄为从动件时,死点位置是导杆与曲柄垂直的两个位置。

在机构传动中,为了使机构能够顺利地通过死点,继续正常运转,可利用构件自身或飞轮的惯性使机构顺利通过死点,如图 2-6 所示的缝纫机踏板机构就是利用带轮的惯性通过死点。也可采用两组机构错位排列,使两组机构的死点相互错开,如图 2-39 所示的蒸汽机车的联动机构,左右两侧机构曲柄位置相错90°。

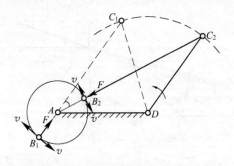

图 2-38　四杆机构的死点位置

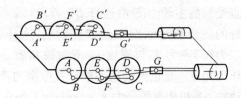

图 2-39　蒸汽机车的联动机构

　　对有夹紧或固定要求的机构,则可在设计中利用死点的特点,来达到目的。如图 2-40 所示的飞机起落架,当机轮放下时,BC 杆与 CD 杆共线,机构处在死点位置,地面对机轮的力不会使 CD 杆转动,使飞机降落可靠。图 2-41 所示的夹具,工件夹紧后 BCD 成一条线,工作时工件的反力再大,也不能使机构反转,使夹紧牢固可靠。

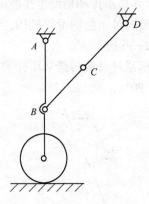

图 2-40　飞机起落架机构

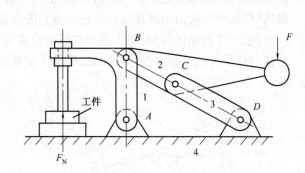

图 2-41　工件夹紧机构

习　题

一、填空题

1.在铰链四杆机构中与机架组成_____的构件称为连架杆。

2.由四个构件和_____依次相连接所组成的机构称为铰链四杆机构。

3.如果能够做_____的连架杆称为曲柄。

4.只能做_____的连架杆称为摇杆。

5.在铰链四个机构中曲柄最多是_____个,摇杆最少数目是_____个。

6.在铰链四杆机构中有_____个连架杆、_____个机架和_____个连杆。

7.铰链四杆机构的三种类型是_____、_____和_____机构。

8.铰链四杆机构中能够实现整周转动和往复摆动运动互换的是_____机构。

9.平行双曲柄机构的特点是两曲柄的_____完全相同。

10.在铰链四杆机构中如果两连架杆都做整周转动称为_____机构。

11.曲柄摇杆机构中最短杆是_____杆。

12.在一般双曲柄机构中最短杆一定是_____杆。

13.在铰链四杆机构中如果取_____杆为连杆,则它一定是双摇杆机构。

14.一个移动副四杆组合体中取滑块为机架则称为_____机构。

15.一个移动副四杆组合体中滑块为连架杆,称为_____机构。

16.曲柄滑块机构分为_____机构和_____机构两种。

17.曲柄滑块机构能够实现曲柄的_____与滑块_____的运动互换。

18.导杆机构分为_____机构、_____机构。

19.摆动导杆机构中_____做往复摆动。

20.摇块机构中曲柄做整周转动,滑块做_____运动。

21.急回特性是往复运动从动件"来"、"去"_____不相等。

22.机构具有急回特性的程度用_____来表示。

23.压力角是从动件上受到的主动力方向与该点的_____所夹的锐角。

24.压力角越大,机构有效分力越_____,机构动力传递性能越_____。

25.机构处于死点位置时其压力角 $\alpha =$ _____。

26.在曲柄摇杆机械中,当_____为主动件时,机构才会出现死点位置。

二、判 断 题

1.由构件和平面运动副所组成的机构称为平面连杆机构。 （   ）

2.由四个构件和四个运动副依次相连接所组成的机构称为四杆机构。 （   ）

3.在铰链四杆机构中两连架杆都做往复摆动则称为双曲柄机构。 （   ）

4.双曲柄机构中两个曲柄的角速度恒相等。 （   ）

5.曲柄摇杆机构中曲柄一定是主动构件。 （   ）

6.在双摇杆机构中主动摇杆可以做往复摆动也可以做整周转动。 （   ）

7.没有这样一个铰链四杆机构不论取四个杆哪个为机架都是双曲柄机构。 （   ）

8.没有这样一个铰链四杆机构不论取四个杆哪个为机架都是双摇杆机构。 （   ）

9.曲柄滑块机构曲柄转动一周,滑块往复运动一次。 （   ）

10.曲柄滑块机构曲柄可作为主动件,滑块也可作为主动件。 （   ）

11.转动导杆机构的曲柄转动一周导杆也转一周,所以导杆与曲柄角速度恒相等。 （   ）

12.在四杆机构中如果存在极位夹角则该机构就有急回特性。 （   ）

13.曲柄摇杆机构具有急回特性时极位夹角 $\theta \neq 0$。 （   ）

14.曲柄极位夹角越大,特性系数 K 也越大,急回特性越显著。 （   ）

15.摆动导杆机构一定具有急回特性。 （   ）

16.压力角是从动件上受到的主动力方向与受力点速度方向所夹的锐角。 （   ）

17.压力角越大,有效动力越大,机构动力传递性越好,效率越高。 （   ）

18.在机构运动中从动件压力角是一定值。 （   ）

19.滑块主动,曲柄从动的曲柄滑块机构有死点位置。 （   ）

三、选 择 题

1.能够把整周转动变成往复摆动的铰链四杆机构是＿＿＿＿＿＿机构。

　　A.曲柄摇杆　　　　B.双曲柄　　　　C.双摇杆

2.在曲柄摇杆机构中最短杆应是＿＿＿＿＿＿。

　　A.连架杆　　　　B.连杆　　　　C.机架

3.在双摇杆机构中,最短杆应是＿＿＿＿＿＿。

　　A.摇杆　　　　B.连杆　　　　C.机架

4.能够实现整周转动与往复直线移动运动互换的是＿＿＿＿＿＿机构。

　　A.曲柄摇杆　　　　B.曲柄滑块　　　　C.导杆

5.具有急回特性四杆机构的行程速比系数 K 应是＿＿＿＿＿＿。

　　A.$K>1$　　　　B.$K=0$　　　　C.$0 \leqslant K \leqslant 1$

6.机构在死点位置时压力角 $\alpha=$ ＿＿＿＿＿＿

　　A.$\alpha<0°$　　　　B.$\alpha=0°$　　　　C.$\alpha=90°$

7.机构克服死点位置的方法是＿＿＿＿＿＿。

　　A.利用惯性　　　　B.加大主动力　　　　C.提高安装精度

四、识 图 题

写出图 2-42 中所列机构的名称。

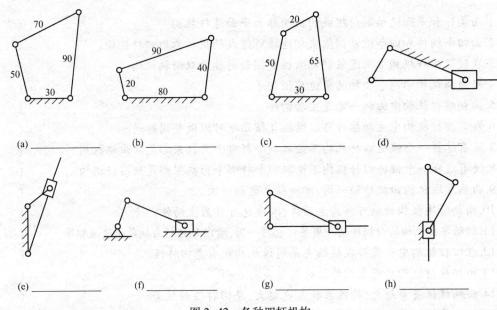

(a)＿＿＿＿＿　　(b)＿＿＿＿＿　　(c)＿＿＿＿＿　　(d)＿＿＿＿＿

(e)＿＿＿＿＿　　(f)＿＿＿＿＿　　(g)＿＿＿＿＿　　(h)＿＿＿＿＿

图 2-42　各种四杆机构

五、计 算 题

已知铰链四杆机构如图 2-43 所示,当该机构是曲柄摇杆机构、双曲柄机构、双摇杆机构时,求:杆 AB 长度的范围。

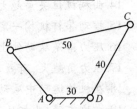

图 2-43　铰链四杆机构

第三章
其他常用机构

实际中的常用机构有多种类型,包括平面连杆机构、凸轮机构、螺旋机构、间歇运动机构及齿轮机构,还有由这些基本机构经过反馈、复合而成的各种机构。这些机构在生产和生活中都有着不同的用途。

第一节 凸 轮 机 构

平面连杆机构一般只能近似地实现给定的运动规律,而且设计较为复杂,在各种机器中,特别是自动化机器中,为实现各种复杂的运动要求,常采用凸轮机构。

一、凸轮机构概述

1.凸轮组成及应用

凸轮机构由凸轮、从动件和机架组成,凸轮、从动件与机架组成低副,凸轮与从动件是以点或线接触,组成平面高副,故凸轮为高副机构。凸轮是具有曲线轮廓的构件,在凸轮机构中一般它是主动构件。

当凸轮运动时,通过凸轮与从动件的高副接触带动从动件产生预期的周期性运动规律。即从动件的运动规律(指位移、速度、加速度等)取决于凸轮轮廓的曲线形状;反之,按机器的工作要求给定从动件的运动规律以后,可合理地设计出凸轮的曲线轮廓。它广泛应用于自动化机械、仪表和自动控制装置中。

图 3-1 所示为一内燃机的配气机构,当凸轮 1 转动时,推动气阀杆 2 上下移动,从而使气阀有规律地开启或关闭。气阀的运动规律则取决于凸轮的曲线轮廓形状。

图 3-2 所示为自动车床靠模机构。拖板带动从动刀架 2 沿靠模凸轮 1 运动时,刀刃走出手柄外形轨迹。手柄的曲线形状取决于凸轮的曲线轮廓形状。

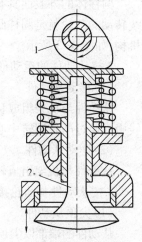

图 3-1 内燃机配气机构

图 3-3 所示为一自动机床的进刀机构,当圆柱凸轮 1 回转时,圆柱上凹槽的侧面迫使从动件 2 绕 C 点作往复摆动,通过从动件上的扇形齿轮与刀架上的齿条啮合,控制刀架的自动进刀和退刀运动。其进刀和退刀的运动规律,则取决于圆柱凸轮凹槽的曲线轮廓形状。

2.凸轮机构特点

凸轮与连杆机构相比,主要优点是只要正确地设计凸轮曲线轮廓,就能使从动件准确地实现任意给定的运动规律;构件数目少,结构简单紧凑;工作可靠。缺点有凸轮与从动件之间为点或线接触,接触应力较大,承载不大;不易实现较理想的润滑;易于磨损,寿命相对较短;凸轮制造困难;高速传动可能产生较大冲击。因此凸轮机构多用于传力不大的轻载机构、控制机构和调节机构。

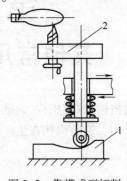

图 3-2　靠模成型切削

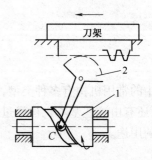

图 3-3　自动进刀机构

二、凸轮机构分类

1.按凸轮的形状分类

(1)盘形凸轮

盘形凸轮与机架组成转动副,它的外形是一个由转动中心到曲线轮廓距离有变化的盘形构件,如图 3-1 所示。盘形转动凸轮是凸轮的最基本类型,属于平面凸轮。

(2)移动凸轮

移动凸轮与机架组成移动副,它也是具有曲线轮廓的盘形构件,属于平面凸轮,如图 3-2 所示。

(3)圆柱凸轮

圆柱体的外表面具有一定曲线轮廓凹槽或在圆柱体的端面上有一定的曲线轮廓,且绕轴线转动的凸轮就是圆柱凸轮。圆柱凸轮与从动件之间的相对运动为空间运动,属于空间凸轮机构,如图 3-3 所示。

2.按从动件的运动形式分类

(1)移动从动件

从动件与机架组成移动副,做往复直线移动,如图 3-4(a),(c),(e)所示。从动件移动直线中心通过凸轮回转中心时称为对心从动件凸轮机构,否则为偏置从动件凸轮机构。

(2)摆动从动件

从动件与机架组成转动副,做往复摆动运动,如图 3-4(b),(d),(f)所示。

3.按从动件与凸轮接触端部的结构分类

(1)尖顶从动件

从动件的端部以尖顶与凸轮曲线轮廓接触,如图 3-4(a),(b)所示。尖顶从动件结构简单,尖顶能与任何复杂的凸轮轮廓接触,可精确地反映出凸轮曲线轮廓所带来的运动规律。但由于尖顶与凸轮接触面甚小,接触应力过大,受力小,易磨损,只适用于受力不大的低速凸轮机构。

(2)滚子从动件

从动件的端部安装一小轮子,小轮子与凸轮曲线轮廓相切接触,使从动件与凸轮形成滚动摩擦,如图 3-4(c),(d)所示。滚子从动件由于滚动摩擦减小了摩擦,减轻了磨损,还增大了接触面积,所以可承受较大的载荷,应用最为广泛。但结构较复杂,尺寸、重量较大,不易润滑且轴销强度较低。

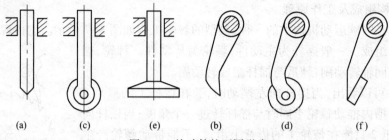

图3-4　从动件的不同形式

（3）平底从动件

从动件的端部以一平面与凸轮曲线轮廓相切接触,如图3-4(e),(f)所示。平底从动件与凸轮接触易成楔形油膜,润滑较好,传动平稳,噪声小,磨损小。如果不计摩擦时,凸轮对从动件的作用力始终垂直于平底,传动效率较高,接触面积也较大。故常用于高速、承载大的场合,但不能用于具有内凹轮廓的凸轮。

4.按锁合方法分类

为使凸轮机构正常工作,必须使从动件与凸轮始终保持高副接触状态,这样的状态称为凸轮与从动件的锁合,能产生锁合的方法有:

（1）外力锁合

依靠重力、弹簧力或其他外力使从动件与凸轮保持接触,如图3-5所示。

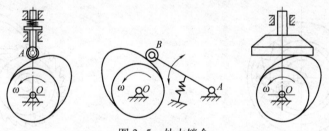

图3-5　外力锁合

（2）几何锁合

依靠凸轮和从动件的特殊几何形状约束使从动件与凸轮保持接触,如图3-6所示。

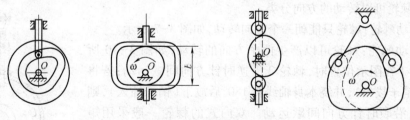

图3-6　几何锁合

第二节　间歇运动机构

当主动构件作连续的运动,带动从动件做时动时停的周期性间歇运动的机构,称为间歇运动机构。

一、棘轮机构

1.棘轮机构组成及工作原理

棘轮机构是间歇运动机构中的一种,典型的棘轮机构如图3-7所示。它由棘轮1,摇杆2、棘爪3和机架组成。一般摇杆为主动件,棘轮为从动件。棘轮、摇杆与机架组成同轴转动副;棘爪与摇杆组成转动副。

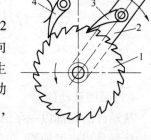

由图3-7可以看出,当摇杆向左摆动时,装在摇杆上的棘爪2嵌入棘轮的齿槽内推动棘轮1同时与摇杆转过一个角度;当摇杆向右摆动时,棘爪2只能在棘轮1的齿背上滑过,不能带动棘轮产生转动,棘轮1静止不动。止回棘爪4就是为了防止摇杆向右摆动时,棘轮跟随摇杆反转而设置的。这样当摇杆2连续往复摆动时,通过棘爪带动棘轮,可以产生时转时停的单方向间歇转动。

图3-7　外齿棘轮机构

2.棘轮机构分类

（1）按棘轮机构的啮合方式分类

外齿棘轮机构:棘轮的轮齿在圆柱体外表面上,如图3-7所示。

内齿棘轮机构:棘轮的轮齿在外圆孔内表面上,如图3-8所示。

（2）按棘轮的运动方式分类

单动式棘轮机构:摇杆向一个方向摆动时,棘轮沿同方向转过某一角度;而摇杆反向摆动时,棘轮静止不动,如图3-7所示。

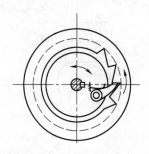

图3-8　内齿棘轮机构

图3-9　双动式棘轮机构

双动式棘轮机构:当摇杆往复摆动时,都能使棘轮沿单一方向转动,如图3-9所示。

（3）按棘轮可以转动的方向分类

单向转动棘轮:棘轮只能朝一个方向转动,如图3-7所示。

双向转动棘轮:棘轮可以产生两个方向的转动,如图3-10所示。当棘爪1在图示位置时,棘轮2沿逆时针方向间歇运动;若将棘爪提起（销子拔出）,并绕本身轴线转180°后放下（销子插入）,则可实现棘轮沿顺时针方向间歇运动。双向式的棘轮一般采用矩形齿。

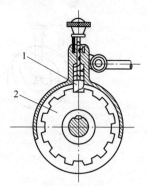

3.摩擦式棘轮机构

图3-11所示为摩擦式棘轮机构,它的工作原理与轮齿式棘轮机构相同,只不过用偏心扇形块代替棘爪,用摩擦轮代替棘轮。当杆1逆时针方向摆动时,扇形块2楔紧摩擦轮3成为一体,使轮3也

图3-10　双向转动棘轮机构

一同逆时针方向转动,这时止回扇形块4打滑;当杆1顺时针方向转动时,扇形块2在轮3上打滑,这时止回扇形块4楔紧,以防止轮3倒转。这样当杆1作连续反复摆动时,轮3便得到单向的间歇运动。

图3-12所示是常用的滚珠摩擦式棘轮机构,当构件1顺时针方向转动时,由于摩擦力的作用使滚子2楔紧在构件1、3的狭隙处,从而带动构件3一起转动;当构件1逆时针方向转动时,滚子松开,构件3静止不动。

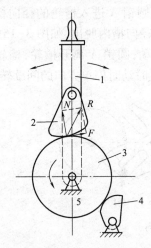

图3-11　摩擦式棘轮机构

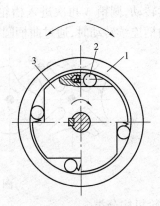

图3-12　滚珠摩擦式棘轮机构

4.棘轮机构特点和应用

棘轮机构可实现送进、制动、超越和转位等运动要求,结构简单,运转可靠,棘轮的转角可实现有级调整。但棘齿易磨损;且在传动过程中有噪声和冲击,平稳性较差,故棘轮机构适用于低速、轻载的间歇运动。

图3-13所示为起重设备安全装置中的棘轮机构,当起吊重物时,如果机械发生故障,重物有可能出现自动下落的危险,这时棘轮机构的棘爪卡在轮柄中,起到防止棘轮倒转的作用。

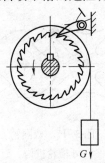

图3-13　起重机安全装置

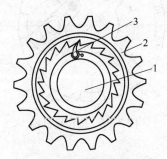

图3-14　自行车飞轮

如图3-14所示的自行车后轴上的飞轮就是一个内啮合棘轮机构,飞轮2的外圈是链轮齿,内圈是棘轮,棘爪3安装于后轴上。当链条带动飞轮2逆时针转动时,棘轮通过棘爪3带动后轴1转动;当链条停止时,飞轮也停止转动,此时,后轴因自行车的惯性作用将继续转动,棘爪2将沿棘轮的齿面滑过,后轴与飞轮脱开,从而实现了从动件转速超过主动件转速的超越作用。

二、槽轮机构

1.槽轮机构组成及工作原理

槽轮机构也是间歇运动机构中的一种,典型的槽轮机构如图 3-15 所示。它是由带圆销的主动曲柄 1、带径向槽的从动槽轮 2 和机架组成。曲柄、槽轮与机架组成转动副,曲柄与槽轮组成高副。当曲柄上的圆销 A 未进入槽轮的径向槽时,由于槽轮的内凹锁止弧与曲柄的外凸锁止弧锁住,槽轮不动,如图 3-15(a)所示;当曲柄上的圆销 A 进入槽轮的径向槽时,锁止弧被松开,槽轮被圆销 A 带动,回转一个角度,然后圆销由径向槽内脱出,如图 3-15(b)所示。曲柄连续转动,圆销 A 再次进入槽轮径向槽,带动槽轮转动;圆销 A 离开槽轮,槽轮又静止。这样当曲柄连续转动时,通过曲柄圆销带动槽轮,可以产生时动时停单方向的间歇转动。

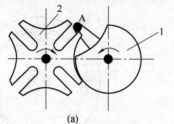
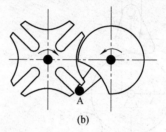

(a)　　　　　　　　　　　　　(b)

图 3-15　单圆销外槽轮机构

2.槽轮机构分类

(1)按槽轮与曲柄转动方向分类

外槽轮机构:曲柄与槽轮的转动方向相反,如图 3-15 所示。

内槽轮机构:槽轮与曲柄的转动方向相同,如图 3-16 所示。

(2)按曲柄圆销的数目分类

可分为单圆销外槽轮机构(图 3-15)和双圆销外槽轮机构(图 3-17)。

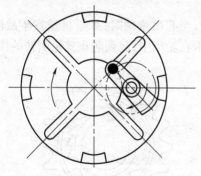

图 3-16　内槽轮机构

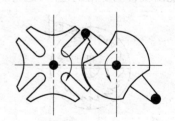

图 3-17　双圆销
外槽轮机构

3.槽轮机构特点和应用

槽轮机构结构简单,机械效率高,运动较平稳,在自动机械中应用很广。图 3-18 所示为电影机中的槽轮机构,槽轮 2 上有 4 个径向槽,当曲柄转动一周,圆销将拨动槽轮转过 1/4 周,影片移过一个幅面,并停留一定的时间,因而满足了人眼视觉需要暂留图像的要求。图 3-19 中的自动传送链装置,运动由主动构件 1 传给槽轮 2,再经一对齿轮 3、4 使与齿轮 4 固连的链轮 5 作间歇转动,从而得到传送链 6 的间歇移动,传送链上装有装配夹具的安装支架 7,故可满足自动线上的流水作业要求。

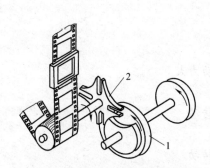

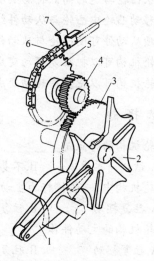

图 3-18　电影机的槽轮机构　　　　　　图 3-19　自动传送链装置

一、填空题

1.凸轮机构是由＿＿＿＿＿＿＿＿、＿＿＿＿＿＿＿＿和＿＿＿＿＿＿＿＿三个构件所组成的高副机构。

2.凸轮与机架组成＿＿＿＿＿＿＿＿副,凸轮与从动件组成＿＿＿＿＿＿＿＿副。

3.按凸轮形状分为＿＿＿＿＿＿＿＿、＿＿＿＿＿＿＿＿和＿＿＿＿＿＿＿＿三种凸轮。

4.凸轮从动件的端部结构形式有＿＿＿＿＿＿＿＿、＿＿＿＿＿＿＿＿和＿＿＿＿＿＿＿＿三种。

5.盘状凸轮与机架组成＿＿＿＿＿＿＿＿副,它是一个具有＿＿＿＿＿＿＿＿的盘形构件。

6.移动凸轮机构中,凸轮与机架组成＿＿＿＿＿＿＿＿副,凸轮与从动件组成＿＿＿＿＿＿＿＿副。

7.凸轮机构的从动件分为往复＿＿＿＿＿＿＿＿从动件和往复＿＿＿＿＿＿＿＿从动件。

8.凸轮机构中,滚子从动件传力＿＿＿＿＿＿＿＿、耐＿＿＿＿＿＿＿＿。

9.凸轮机构中,平底从动件易形成＿＿＿＿＿＿＿＿,故常用于＿＿＿＿＿＿＿＿中。

10.棘轮机构由＿＿＿＿＿＿＿＿、＿＿＿＿＿＿＿＿、＿＿＿＿＿＿＿＿和＿＿＿＿＿＿＿＿组成的。

11.槽轮机构由＿＿＿＿＿＿＿＿、＿＿＿＿＿＿＿＿、＿＿＿＿＿＿＿＿组成,＿＿＿＿＿＿＿＿为主动件。

二、判断题

1.凸轮是高副机构,所以凸轮与机架、从动件与机架之间至少有一个组成平面高副。　　（　　）

2.凸轮机构的特点是可以得到预期的任意运动规律,并且传递动力大。　　（　　）

3.凸轮机构中从动件预期运动规律是由从动件与机架连接形式来决定。　　（　　）

4.盘状凸轮与机架组成转动副。　　　　　　　　　　　　　　（　　）

5.盘状凸轮转速的高低将影响从动件的运动规律。　　　　　　（　　）

6.在移动凸轮中凸轮与从动件组成移动副。　　　　　　　　　（　　）

7.尖顶从动件可使凸轮与从动件接触状态最好。　　　　　　　（　　）

8.棘轮机构可以把往复摆动变成间歇性的转动。　　　　　　　（　　）

9.槽轮机构可以把整周转动变成间歇性的转动。　　　　　　　（　　）

三、选 择 题

1.凸轮机构的特点是_____。

　　A.结构简单紧凑　　　B.不易磨损　　　C.传递动力大

2.棘轮机构中,一般摇杆为主动件,作_____。

　　A.往复摆动　　　　B.往复移动　　　C.整周转动

3.槽轮机构的主动件作_____运动。

　　A.往复摆动　　　　B.往复移动　　　C.整周转动

4.从动件的预期运动规律是由_____决定的。

　　A.从动件的形状　　B.凸轮材料　　　C.凸轮曲线轮廓形状

5.凸轮机构中耐磨损、可承受较大载荷的是_____从动件。

　　A.尖顶　　　　　　B.滚子　　　　　C.平底

6.凸轮机构中可用于高速,但不能用于凸轮轮廓内凹场合的是_____从动件。

　　A.尖顶　　　　　　B.滚子　　　　　C.平底

第四章
连接与键连接

在机器中将两个或两个以上的零件通过一定的方式结合在一起的形式称为连接。机器制造中采用了大量的连接，以组成构件或运动副，实现一定的性能要求。

第一节 连 接 概 述

一、连接分类

1.按照连接后的可拆性分类

可拆连接：通过一般的装拆方法可以拆卸的连接，如键连接、螺纹连接等。

不可拆连接：只能通过破坏的方式才能拆卸的连接，如焊接、粘接等。

2.按照连接后各个零件之间的可动性分类

动连接：连接的各个零部件之间可以产生某些方式的相对运动。如两个构件组成运动副的连接。

静连接：连接的各个零部件之间的位置相互固定，不允许产生相对运动的连接。如零件组成构件的连接。

二、不可拆连接概述

1.焊接

焊接就是在两块金属之间，用局部加热或加压等手段借助于金属内部原子的扩散和结合，使金属连接成整体的一种不可拆的连接方法。可分为熔化焊、压力焊和钎焊三大类。

（1）熔化焊是将焊接接头的金属加热到熔化状态，经冷却凝固后，使两个分离的构件结合成一个整体的焊接方法。例如手工电弧焊等。

（2）压力焊是将焊接接头处加热或不加热，但要施加足够的压力，在强大的压力作用下，使两个分离的构件结合成一个整体的焊接方法。常见的有电阻焊、超声波焊等。

（3）钎焊是将焊件和钎料同时加热，但钎料熔化，焊件材料不熔化。液态的钎料填入焊件的连接间隙中。钎料和焊件金属相互扩散，经冷却凝固后，使两个分离的构件结合成一个整体的焊接方法。有烙铁钎焊、火焰钎焊、电阻钎焊等。

焊接具有生产率高，生产周期短，接头质量好，节省材料等优点。但会产生应力和变形，易形成多种焊接缺陷，合格率较低。

2.胶接

胶接是将胶粘剂涂于被连接件表面之间经固化所形成的一种不可拆卸的连接。胶接在机床、汽车、造船、航空等应用日渐广泛。胶接与焊接相比，优点是连接的变形小、耐疲劳、设备简单、操作方便、无噪声、劳动条件好、劳动生产率高、成本较低。其缺点是胶接强度不高;抗弯曲及抗冲击振动性能差;耐老化性能较差,且不稳定。常用于异型、复杂、微小和很薄的元件以及金属与非金属构件相互连接。

3.过盈连接

过盈连接是过盈配合的一种,是利用两个被连接件本身的过盈配合来实现的连接,配合面通常为圆柱面。过盈连接是包容件和被包容件的径向变形使配合面间产生很大的压力,进而产生很大的摩擦力来传递载荷,实现连接。过盈连接的装配方法通常有压入法和胀缩法两种。

压入法是在常温下利用压力机将被包容件直接压入包容件中。过盈量较大,对连接质量要求较高时,应采用胀缩法装配,即加热包容件、冷却被包容件,形成装配间隙。经冷却后包容件和被包容件的径向变形使配合面间产生很大的压力,工作时将产生很大摩擦力。

过盈连接的过盈量不大时,允许拆卸,但是多次拆卸将影响连接的工作能力。当过盈量较大时,一般不能拆卸,否则将损坏被连接件。为了便于装配,从结构上需要采用合理的结构。例如在包容件的孔端和被包容件的轴端应该制有倒角或有一段间隙配合段等。

第二节 键 连 接

键连接用于将轴和轴上的回转零件(曲柄、摇杆、凸轮、带轮、链轮、齿轮、蜗轮、联轴器等)周向固定,使它们共同转动而不产生相对转动,以传递转动运动和转矩。这种连接具有结构简单、装拆方便、工作可靠等特点。销连接主要应用于零件之间的相互定位。

键通常为自制标准件,其截面尺寸按国家标准制造,长度根据需要在键长系列中选取,常用材料为中碳钢。键连接可分为松键连接、紧键连接和花键连接。

一、松键连接

1.普通平键连接

普通平键的外形为长方形,一半嵌入轴槽,一半插入轮毂槽,键的顶面与轮毂槽底面有间隙,平键两侧面与轴键槽、轮毂键槽的侧面相配合,如图4-1所示。

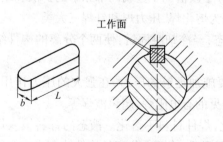
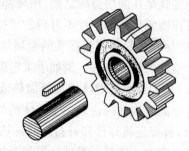

图4-1 平键连接 　　　　　　　　　图4-2 普通平键连接装配

工作时靠键的两侧面与轴毂键槽侧面的挤压来传递转动和转矩,因此平键的两侧面是工作面。

普通平键主要用于静连接,不能承受轴向力,因而对轴上的零件不能起到轴向固定作用。

装配时,通常先将键嵌入轴的键槽内,再将轮毂上的键槽对准轴上的键,把轮子装在轴上,构成平键连接。如图4-2所示。

普通平键端部结构有A、B、C三种类型。A型为圆头平键,定位可靠,应用最广泛;B型为平头平键,有时要用螺栓顶住,以免松动;C 型为半圆头平键,只用于轴端。键是标准件,它的规格采用 b ×h×L 标志,其中 b 为键宽,h 为键高,L 表示键长。连接的结构形式如图 4-3 所示。

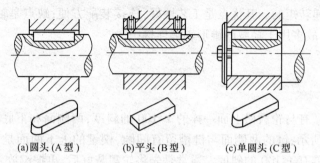

(a)圆头(A 型)　　　(b)平头(B 型)　　　(c)单圆头(C 型)

图 4-3　普通平键连接类型

　　轴上的 A、C 型键槽要用立铣刀加工,如图 4-4(a)所示,B 型键槽要用盘状铣刀加工,如图 4-4(b)所示。B 型键槽的应力集中较小。

　　普通平键连接具有结构简单、工作可靠、装拆方便、对中良好、应用广泛等优点。但承载能力不大。多用于静连接。

　　2.导向键与滑键连接

　　当工作要求回转零件在轴上能作轴向移动,连接成移动副,形成动连接时,可采用导向键或滑键连接。这两种键连接用于动连接。导向键端部形状同平键(图 4-5),其特点是键较长,键与轮毂的键槽采用间隙配合。工作时,轮毂槽可以沿键作轴向滑动(例如变速箱中滑移

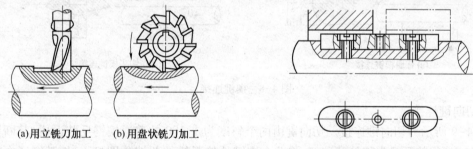

(a)用立铣刀加工　　(b)用盘状铣刀加工

图 4-4　轴上键槽的加工　　　　　　　　　　　图 4-5　导向键连接

齿轮与轴的动连接)。为了防止键松动,用螺钉将其固定在轴上。在其中部有起键螺钉孔便于拆卸。当零件需要滑移的距离较大时,因所需的导向平键长度过大,制造困难。一般都要采用滑键,滑键固定在轴上零件的轮毂孔内(图 4-6),工作时轮毂与键一起沿轴上的长键槽滑动。与导向键相比,滑键更适用于轴向移动距离较长的场合。只是需要在轴上铣出较长的键槽,而键可以做的很短。

　　3.半圆键连接

　　图 4-7 所示为半圆键连接。

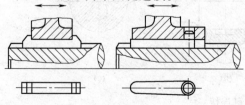

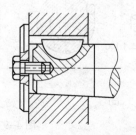

图 4-6　滑键连接　　　　　　　　　　　　　图 4-7　半圆键连接

半圆键的上表面为一平面,下表面为半圆形,两侧面平行。装配时在轴的半圆形键槽内可以自由摆动,轮毂内的键槽为通槽。半圆键用于静连接,其两侧面是工作面。工作时也是靠键的两侧面受挤压传递转矩的。其优点是工艺性好,连接装配方便;缺点是轴上键槽较深,对轴的强度有较大削弱,故多用于轻载的锥形轴端连接中。

二、紧键连接

1.楔键连接

楔键的上表面做有与轮毂槽上面一样的 1:100 的斜度,两侧面和下底面都是平面。楔键连接结构如图 4-8 所示,键的两侧面与键槽留有间隙,楔键的上下两面是工作面。装配时轮毂件键槽上表面也具有 1:100 的斜度。通常是先将轮毂装好后,再把键放入并打紧,使其楔紧在轴与毂的键槽中。楔紧后在楔键的上下两面产生较大的摩擦力传递转动和转矩,同时还可承受单向轴向载荷,对轮毂起到单向轴向定位作用。可分为普通楔键[图 4-8(a)]和钩头楔键[图 4-8(b)]两类。钩头楔键有利于拆卸,但安全性差。楔键装配后可使轮毂件有一微小径向移动,造成轴和轮毂的配合产生偏心和倾斜,故对中性差。当受冲击振动载荷作用时易松动。楔键连接的特点是结构简单、工作可靠、承载大、装拆不便、对中不好。主要用于对中性要求不高和转速较低和载荷平稳的静连接场合。

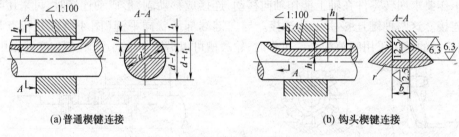

(a)普通楔键连接　　　　　　　　　　　　　(b)钩头楔键连接

图 4-8　楔键连接

2.切向键连接

图 4-9 所示为切向键连接。切向键由两个斜度为 1:100 的普通楔键反装而成,其断面合成为一长方形,装配时先将轮毂装好,将两个楔键从轮毂槽的两端分别打入,使键楔紧在轴与毂的键槽中。切向键的工作面为上下表面。一对切向键只能传递单向转矩,若要传递双向转矩时,则需装两对互成 120°~135°的切向键,如图 4-9(c)所示。切向键对轴的强度削弱较大,对中性较差,故适用于对中性、运动精度要求不高,低速、重载、轴径大于 100 mm 的静连接场合。

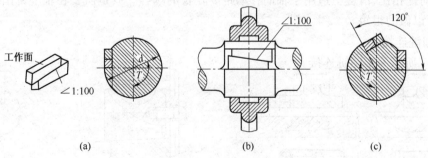

(a)　　　　　　　　　　(b)　　　　　　　　　　(c)

图 4-9　切向键连接

三、花键连接

花键连接是由周向均布的带凸起的键齿花键轴与带键齿槽的花键孔对应相配合,组成的一种连接形式(图4-10),齿的工作面为齿的侧面。靠键齿的侧面与键槽侧面的挤压传递转矩。花键的特点是多键传递载荷,承载能力高;轴和毂受力均匀;对中良好;轮毂在轴上移动容易,导向性好;对轴的强度削弱小;但加工需要专用设备和工具,成本较高。用于高速重载轮毂在轴上移动的动连接场合。广泛用于汽车、拖拉机、机床等行业。根据花键的齿形不同,可分为矩形花键、渐开线花键等。

在矩形花键中[图4-10(b)],轻型花键采用内径定心,定心精度高,易加工;中型花键采用侧面定心;重型花键则用外径定心。其定心面的粗糙度要求1.6以上。

渐开线花键的两侧曲线为渐开线[图4-10(c)],其压力角规定有30°和45°两种。其定心方式为齿型定心,利于均匀载荷,易对中。渐开线花键根部强度较大,应力集中小,承载能力大。适用于对心精度高、载荷大、尺寸较大的场合。

这两种花键的规格尺寸都已经标准化,在设计时可以参考相关的标准和规范进行。

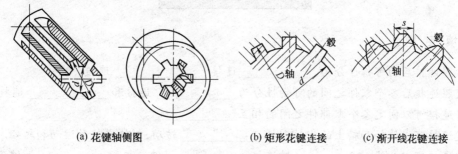

(a) 花键轴侧图   (b) 矩形花键连接   (c) 渐开线花键连接

图4-10 花键连接

四、销及销连接

销连接是工程中常用的一种重要连接形式,销可用来确定零件间的相互位置,并可传递不大的载荷,也可用于两零件间的连接,还可用做安全装置中的过载剪断元件。

定位销一般不承受载荷或只承受很小的载荷,平面定位时其数目不得少于2个。连接销能承受较小载荷,常用于轻载或非动力传输结构。

销的主要形式有圆柱销和圆锥销(1:50锥度)。连接销孔一般需要经过铰制。同时还有许多特殊的形式,例如开口销、槽销等,见表4-1。

连接销在工作中通常受到挤压和剪切。

表4-1 几种常用销的特点和应用

类型和标准	图 例	特 点	应 用
圆柱销		销孔需铰制,过盈紧固,定位精度高	主要用于定位,也可用于连接

续上表

类型和标准	图 例	特 点	应 用
圆锥销	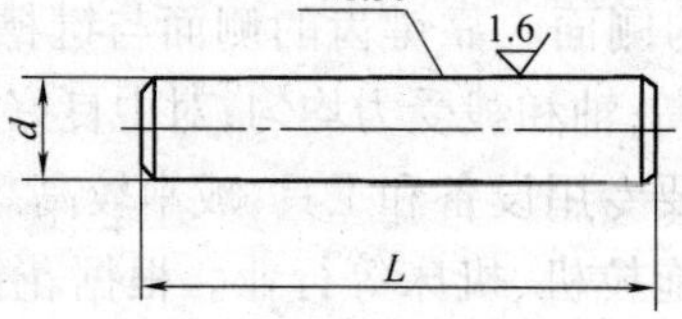 	销孔需铰制,比圆柱销定位精度更高,安装方便,可多次装拆	主要用于定位,也可用于固定零件,传递动力
开口销		工作可靠,拆卸方便,用于防止螺母或销松脱	用于销定其他紧固件,与槽形螺母配合使用

习 题

一、填空题

1.按照连接后的可拆性分为_____连接和_____连接。

2.按照连接后各个零件之间的可动性分为_____连接和_____连接。

3.静连接可以固定各个零部件之间的相互_____。

4.键连接可以使轴和轴上的回转零件_____转动,以传递转动运动和转矩。

5.键连接可以分为_____键连接、_____键连接和_____键连接。

6.普通平键端部结构有_____、_____、_____三种类型。

7.普通平键连接的特点是结构_____、工作_____、装拆_____、_____良好。

8.平键连接中,键的_____面为工作面。

二、判断题

1.平键连接是靠键两侧面承受挤压力来传递扭矩的。 （ ）

2.导向键在工作中可随轮毂沿键作轴向移动。 （ ）

3.花键具有承载能力强、受力均匀、导向性好的特点。 （ ）

4.楔键连接承载大,对中好。 （ ）

5.松键连接的顶面与轮毂槽的底面有间隙。 （ ）

6.花键是靠键槽侧面的挤压来传递转矩。 （ ）

7.楔紧后在楔键的两侧面产生较大的摩擦力传递转矩。 （ ）

三、选择题

1.键是连接件,用以连接轴与齿轮等轮毂,并传递扭矩。其中_____应用最为广泛。

　　A.普通平键　　　　B.半圆键　　　　C.导向平键　　　　D.花键

2.平键的工作表面是_____。

  A.上面　　　　　　　B.下面　　　　　　C.上、下两面　　　　D.两侧面

3.回转零件在轴上能作轴向移动时,可用_____。

  A.普通平键连接　　　B.紧键连接　　　　C.导向键连接

第五章

螺纹连接与螺旋传动

圆柱体外表面具有的外螺纹(螺杆)和圆柱孔内表面具有的内螺纹(螺母)相互配合组成的运动副称为螺旋运动副,它是一种空间运动副。螺纹连接就是利用螺旋副固定各个零件之间的相互位置,形成可拆静连接;螺旋传动就是用螺旋副把主动转动运动转变成沿螺纹轴线方向的从动直线移动。螺纹的这两种作用使其在机械制造和工程结构中应用甚广,螺纹还具有结构简单、制造容易、价格低廉、装拆方便、连接可靠、传动平稳、承载大等优点。

第一节 螺 纹 概 述

一、螺纹的形成与主要参数

螺纹的形成见图 5-1(a),将一直角三角形(底边长为 πd_2、高为 S)绕在一圆柱体(直径为 d_2)上,使三角形底边与圆柱体底面圆周重合,则此三角形斜边在圆柱体表面形成的空间曲线称为螺旋线。若取一平面图形,使其平面始终通过圆柱体的轴线并沿着螺旋线运动,则该平面图形在空间形成一个螺旋形体,称为螺纹。

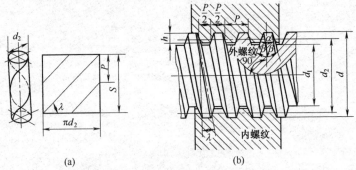

(a)　　　　　　　　(b)

图 5-1　螺纹形成及主要参数

根据螺旋线的缠绕方向可将螺纹分为右旋(正扣)和左旋(反扣)。判定方法是,将螺杆(母)的轴线竖起,如果螺纹斜线看过去右高为右旋螺纹,反之为左旋,如图 5-2 所示。常用螺纹为右旋,只有在特殊情况下才用左旋螺纹,如汽车左车轮用的螺纹、煤气罐减压阀螺纹等。

螺纹的主要参数〔参见图 5-1(b)〕如下。

1.大径(d 或 D)

螺纹的最大直径。外螺纹是最大轴径,内螺纹是最大孔径。规定它为螺纹的公称直径。

2.小径(d_1 或 D_1)

螺纹的最小直径。外螺纹是最小轴径,内螺纹是最小孔径。是螺纹强度计算的直径。

3.中径(d_2 或 D_2)

在螺纹轴面内(过螺纹轴线的平面),螺纹牙的厚度和螺纹牙槽宽度相等处所对应的直径。是螺纹几何计算和受力计算的直径。

4.螺距(P)

相邻两螺纹牙对应点之间的轴向距离。它表示了螺纹的疏密程度,螺距越小螺纹越密集。

5.头数(n)

形成螺旋线的根数,如图5-2所示。一般为便于制造$n \leqslant 4$。单头螺纹的自锁性较好,多用于连接;双头螺纹、多头螺纹传动效率高,主要用于传动。

6.导程(S)

同一螺旋线相邻螺纹牙对应点之间的轴向距离。其中有$S=nP$〔图5-1(a)〕。在螺旋副中每转动一周,螺纹轴向移动位移大小为S。

7.螺旋升角(λ)

螺纹中径圆柱展开成平面后,螺旋线变成的矩形对角线与πd_2底边的夹角。它表示了螺纹的倾斜程度,螺纹升角越大,螺纹的倾斜程度越大,如图5-1(a)所示。有:

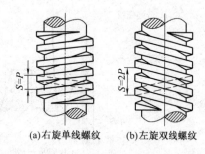

(a)右旋单线螺纹　　(b)左旋双线螺纹

图5-2　螺纹旋向与线数

$$\tan \lambda = \frac{S}{\pi d_2} = \frac{nP}{\pi d_2}$$

8.牙型角(α)

在螺纹轴面内螺纹牙型两侧边的夹角。一般牙型角越大,螺纹牙根的抗弯强度越高。

9.牙侧角(β)

在螺纹轴面内螺纹牙型一侧边与垂直螺纹轴线平面的夹角。牙侧角越小,螺纹传动效率越高。

内、外螺纹能组成螺旋副必须是旋向相同、牙型一致、参数相等。

二、螺纹的类型、特点及应用

根据螺纹轴面内的螺纹牙形状分为普通螺纹(三角螺纹)、管螺纹(三角螺纹)、矩形螺纹、梯形螺纹和锯齿形螺纹等(图5-3)。其中普通螺纹、管螺纹主要用于连接,其他螺纹用于传动。

1.普通螺纹

普通螺纹的牙型为等边三角形,牙型角$\alpha = 60°$,$\beta = 30°$。牙根强度高、自锁性好、工艺性能好,主要用于连接。同一公称直径按螺距大小分为粗牙螺纹和细牙螺纹。粗牙螺纹用于一般连接。细牙螺纹升角小、螺距小、螺纹深度浅、自锁性最好、螺杆强度较高。适用于受冲击、振动和变载荷的连接,细小零件、薄壁管件的连接和微调装置。但细牙螺纹耐磨性较差,牙根强度较低,易滑扣。

2.管螺纹

管螺纹的牙型为等腰三角形,牙型角$\alpha = 55°$,$\beta = 27.5°$。公称直径近似为管子孔径,以in(英寸)为单位。由于牙顶呈圆弧状,内外螺纹旋合后相互挤压变形后无径向间隙,多用于有紧密性要求的管件连接,以保证配合紧密。适于压力不大的水、煤、气、油等管路连接。锥管螺纹与管螺纹相似,但螺纹是绕制在1:16的圆锥面上,紧密性更好。适用于水、气、润滑和电气以及高温、高压的管路连接。

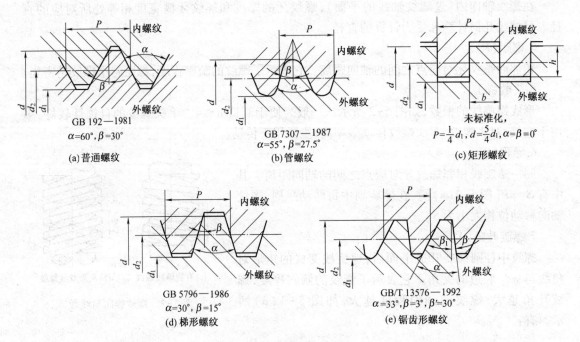

图5-3　螺纹牙型分类

3.矩形螺纹

矩形螺纹的牙型为正方形,牙厚是螺距的一半。牙型角 $\alpha=0°$,$\beta=0°$。矩形螺纹当量摩擦因数小,传动效率高,用于传动。但牙根强度较低、难于精确加工、磨损后间隙难以修复和补偿,对中精度低。

4.梯形螺纹

梯形螺纹牙型为等腰梯形,牙型角 $\alpha=30°$,$\beta=15°$。比三角形螺纹当量摩擦因数小,传动效率较高;比矩形螺纹牙根强度高,承载能力高,加工容易,对中性能好,可补偿磨损间隙,故综合传动性能好,常用的传动螺纹。

5.锯齿形螺纹

锯齿形螺纹牙型为不等腰梯形,牙型角 $\alpha=33°$,工作面的牙侧角 $\beta=3°$,非工作面的牙侧角 $\beta'=30°$。综合了矩形螺纹传动效率高和梯形螺纹牙根强度高的特点,但只能用于单向受力的传动。

上述螺纹类型,除了矩形螺纹外,其余都已标准化。

三、螺旋副的自锁和效率

1.螺旋副的自锁

螺旋副的自锁是指拧紧的螺母,无论螺纹承受的轴向力有多大,都不能使螺母沿螺纹相对转动而自动松开的性能,称为螺纹的自锁性。螺旋副的自锁条件是:$\tan\lambda<\tan\varphi_V$。$\tan\varphi_V=f_V=\dfrac{f}{\cos\beta}$,其中,$f$ 称为螺旋副中的摩擦因数;f_V 称为螺旋副中的当量摩擦因数;φ_V 称为螺旋副中的当量摩擦角。

从式中可以看出,λ 越小、φ_V 越大,螺旋副的自锁性能越好。在其他条件相同的情况下,牙侧角 β 越大,螺纹的头数 n 越少,螺距 P 越小,螺纹的自锁性能就越好。连接螺纹一般都具有较好的自锁性,所以三角螺纹、单头螺纹多用于连接。

2.螺旋副传动效率

研究表明 λ 越大,φ_v 越小,螺旋副传动效率越高。即牙侧角 β 越小,螺纹的头数 n 越多,螺距 P 越大,螺旋副的传动效率就越高。所以多头螺纹、其他螺纹牙型多用于传动,以提高传动效率。

第二节　螺　纹　连　接

螺纹连接具有结构简单、装拆方便、连接可靠等特点,是一种应用广泛的可拆连接。螺纹连接大部分已标准化,根据国家标准选用十分便利。

一、螺纹连接类型

螺纹连接由螺纹连接件与被连接件构成。螺纹连接的主要类型包括:普通螺栓连接(受拉螺栓连接)、铰制孔用螺栓连接(受剪螺栓连接)、双头螺柱连接、螺钉连接及紧定螺钉连接等几种类型。其连接结构形式、主要尺寸及应用特点等见表5-1。

二、常用螺纹连接件

常用螺纹连接件有螺栓(带螺栓头的螺栓、无螺栓头的双头螺柱)、螺钉、紧定螺钉、螺母、垫圈等。螺纹连接件大部分已标准化,根据国家标准选用十分便利。常用螺纹连接件的结构特点及应用见表5-2。

三、螺纹连接的预紧力

1.预紧力概念

螺纹连接在实际安装使用时,大多数螺纹连接都需要拧紧。拧紧就是在连接件未受工作载荷前,给螺母施加足够大的拧紧力矩,使连接件产生一定的压缩弹性变形,这样在连接件接触表面会产生很大的相互挤压力,进而可以产生很大的摩擦力克服外载;拧紧也使螺栓产生相应的拉伸弹性变形,螺栓受到与挤压力相等的反作用拉力作用。这个在螺栓工作前,由于拧紧使螺栓产生的拉伸作用力称为预紧力。

2.拧紧的意义

拧紧的目的是保证连接件有足够大的摩擦力,克服外载;增强连接的紧密性,防止受载后连接件之间出现间隙;保证连接件之间的相互位置,防止发生相对滑动。

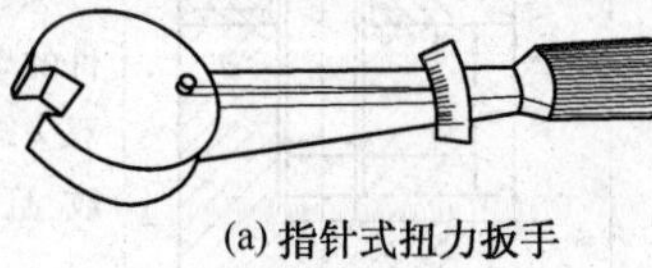

3.预紧力的控制

拧紧的力矩越大,连接件接触表面的摩擦力越大,连接件克服外载越大,螺栓连接能力越强。但同时螺栓受到的预紧力越大,螺栓连接工作后这种轴向拉力可能会进一步加大,使螺栓过载拉断失效的可能性增大。所以螺栓连接的预紧力要适当,既不使螺栓过载,又保证连接所需的预紧力,从而可以有效地保证连接的可靠性。因此,对于重要的螺栓连接,在拧紧时需要控制预紧力。通常限制预紧力的方法有:采用指针式扭力扳手或预置式定力矩扳手(图5-4)。对于重要的连接,采用测量螺栓伸长法检查。

(a) 指针式扭力扳手

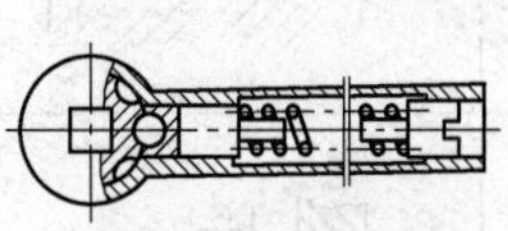

(b) 预置式定力矩扳手

图5-4　控制力矩扳手

机 械 基 础

表 5-1 螺纹连接的主要类型

类型	构 造	特点及应用	主要尺寸关系
螺栓连接	普通螺栓连接	螺栓穿过两个被连接件的通孔,螺栓孔和螺栓之间有间隙($d_0 > d$)。拧紧螺母,在两个连接表面之间,产生很大挤压力,进而在连接件接触表面,产生很大的摩擦力,克服外载,实现固定。该连接结构简单、工作可靠、拆拆方便、承载大、成本低、不受被连接件材料限制、不加工螺纹。广泛用于传递轴向载荷且被连接件厚度不大,能从两边进行安装的场合	
	铰制孔用螺栓连接	螺栓穿过两个连接件铰制的通孔,螺栓孔和螺栓之间是过渡配合($d_0 = d$)。相当于在螺栓孔中放入一个圆柱销,拧住螺母以防螺栓脱出。靠螺栓受挤压的能力,克服外载,实现固定。该连接结构简单、工作可靠、装拆方便、具有定位作用;但通孔要铰制、螺栓需精制,连接成本高、承载不大。适用于传递横向载荷或需要精确固定连接件相互位置的场合	1.螺纹余留长度 l_1 静载荷 $l_1 \geqslant (0.3 \sim 0.5)d$ 变载荷 $l_1 \geqslant 0.75d$ 冲击、弯曲载荷 $l_1 \geqslant d$ 铰制孔时 $l_1 \approx 0$ 2.螺纹伸出长度 l_2 $l_2 \approx (0.2 \sim 0.3)d$ 3.旋入被连接件中的长度 l_3 被连接件的材料为 钢或青铜 $l_3 \approx d$ 铸铁 $l_3 \approx (1.25 \sim 1.5)d$ 铝合金 $l_3 \approx (1.5 \sim 2.5)d$ 4.螺纹孔的深度 l_4 $l_4 = l_3 + (2 \sim 2.5)P$ 5.钻孔深度 l_5 $l_5 = l_4 + (3 \sim 3.5)P$ 6.螺栓轴线到被连接件边缘的距离 e $e = d + (3 \sim 6)$mm 7.普通螺栓连接通孔直径 d_0 $d_0 \approx 1.1d$ 8.紧定螺钉直径 $d_0 \approx (0.2 \sim 0.3)d_轴$
双头螺柱连接		双头螺柱的一端旋入较厚连接件的螺纹孔中并固定,另一端穿过较薄被连接件的通孔,螺栓孔和螺栓之间有间隙。与普通螺栓连接一样,拧紧螺母,靠连接件接触表面产生很大的摩擦力,克服外载,实现固定。这种连接拆卸时,只需要把螺母拧下即可,而螺柱留在原位,以免因多次拆卸使内螺纹磨损脱扣。该连接适用于被连接件之一较厚,可加工螺纹,且经常装拆的场合。其螺柱的拧入深度的取值与被连接件的材料、螺柱的直径有关	
螺钉连接		螺栓穿过较薄连接件的通孔,直接旋入较厚连接件的螺纹孔中,不用螺母,需要拧紧螺栓。该连接与双头螺柱相似,适用于连接件之一较厚,可加工螺纹,且不经常装拆的场合	
紧定螺钉连接		紧定螺钉旋入一连接件的螺纹通孔中,并用露出的尾部顶住另一连接件的表面或相应的凹坑中,固定它们的相对位置,还可传递不大的力或转矩。有时为了防止轴向窜动加设紧定螺钉	

表 5-2 常用螺纹连接件的结构特点及应用

类型	图 例	结构特点及应用
六角头螺栓	15°~30°	螺栓是应用最为普遍的连接件之一。螺栓的头部有各种不同形状,最常见的是标准六角头和小六角头。一般使用标准六角头,在空间尺寸受到限制的地方使用小六角头螺栓。但小六角头螺栓的支承面积较小,经常拆卸的场合时,螺栓头的棱角易于磨圆。螺栓杆部可制出一段螺纹或全螺纹,螺纹有粗牙或细牙之分。螺栓的精度有普通和精制之分
双头螺柱	A 型 $C\times45°$ $C\times45°$ d B 型 $C\times45°$ $C\times45°$ d	螺柱两端都有螺纹,中间为光杆无螺纹,螺柱可带退刀槽。双头螺柱两端螺纹的公称直径及螺距相同,螺纹长度不一定相等。螺柱的一端旋入较厚连接件的螺孔中,旋入后即不拆卸;另一端则拧紧螺母
螺钉	十字槽盘头 六角头 内六角圆柱头 一字开槽沉头 一字开槽盘头	螺钉的头部有各种形状,为了明确表示螺钉的特点,所以通常以其头部的形状来命名,有六角头、内六角孔、圆柱头、圆头、盘头和沉头等;以头部旋具(起子)槽命名,有一字槽、十字槽、十一字槽等形式。十字槽螺钉头部强度高,对中性好,易于实现自动化装配;内六角孔螺钉能承受较大的扳手力矩,连接强度高,可代替六角头螺栓,用于要求结构紧凑的场合。螺钉的承载力一般较小。在许多情况下,螺栓也可以用作螺钉
紧定螺钉	R 90° d l	紧定螺钉的末端形状,常用的有锥端、平端和圆柱端。锥端适用于被顶进零件的表面硬度较低或不经常拆卸的场合;平端接触面积大,不伤零件表面,常用于顶进硬度较大的平面或经常拆卸的场合;圆柱端压入轴上的凹坑中,适用于紧定空心轴上的零件位置。紧定螺钉主要用于小载荷的情况下,以传递圆周力为主,防止传动零件的轴向窜动等。可以看出:紧定螺钉的工作面是在末端,所以对于重要的紧定螺钉需要淬火硬化后才能满足要求
六角螺母	15°~30° d m	螺母是和螺栓相配套进行拧紧的标准零件,其外形有:六角形、圆形、方形及其他特殊的形状。根据六角螺母厚度的不同,分为标准、厚、薄三种。六角螺母的制造精度和螺栓相同

类型	图　　例	结构特点及应用
圆螺母	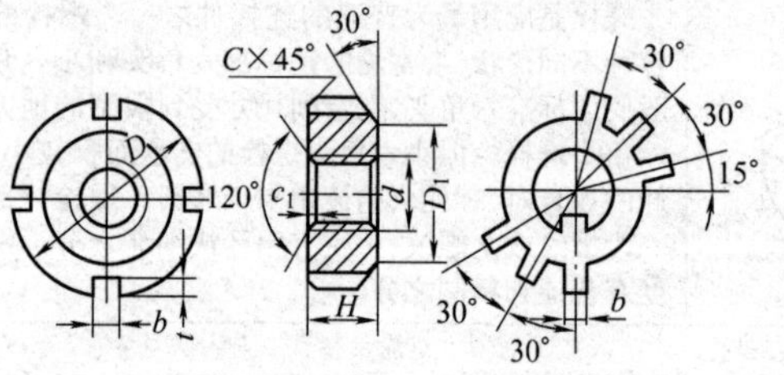 圆螺母　　　　止动垫圈	圆螺母常与止动垫圈配用，装配时将垫圈内舌插入轴上的槽内，而将垫圈的外舌嵌入圆螺母的槽内，起到放松作用。它常用于轴上零件的轴向固定
垫圈	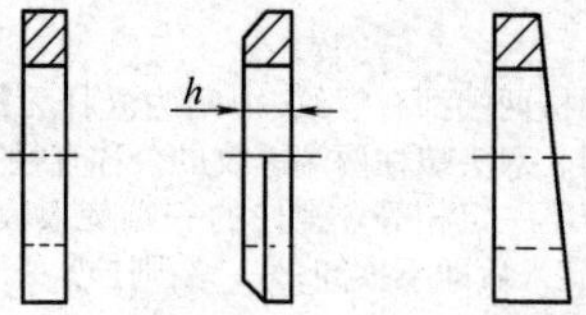 平垫圈　　　斜垫圈	垫圈是螺纹连接中不可缺少的零件，常放置在螺母和被连接件之间，其作用是增加支承面积、减小挤压应力和保护连接件表面。同一螺纹直径的垫圈又分为特大、大、普通和小四种规格，特大垫圈主要在铁木结构上使用，斜垫圈只用于倾斜的支承面上
钢膨胀螺栓	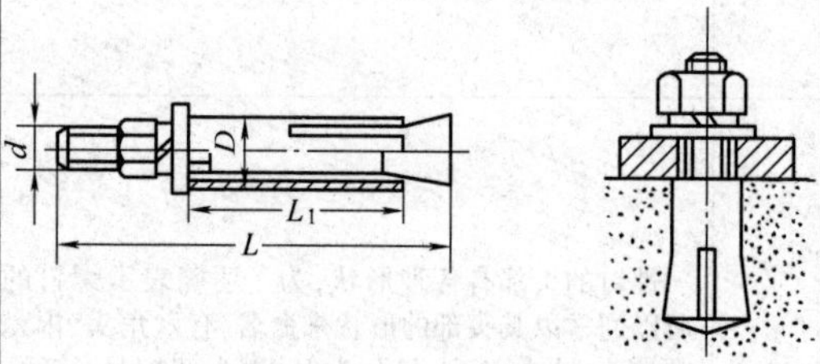 安装示意图	用于墙壁上物体的支承固定。连接靠胀管在预钻孔内膨胀，与孔壁挤压产生足够的连接力。常用螺纹规格 M6~M16，螺旋长度 65~300 mm。胀管直径 10~22 mm。钻孔直径见有关手册
塑料胀管	 甲型  乙型	分为甲型、乙型。适用于木螺钉旋紧连接处。靠螺钉旋入胀管，胀管径向膨胀与预钻孔壁胀紧，形成连接。常用于混凝土、硅酸盐砌块等墙壁。直径 6~12 mm，长度 31~60 mm。钻孔直径应小于或等于胀管直径
紧定螺钉	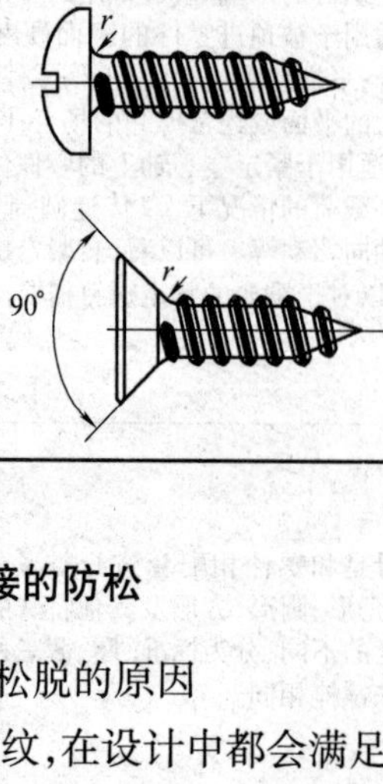	多用于连接较薄的钢板和有色金属板。螺钉较硬，一般热处理硬度 50~56HRC。安装前需预制孔，在实际使用时，应根据具体条件，经过适当的工艺验证，确定最佳预制孔尺寸，但不需预制螺纹，在连接时利用螺钉直接攻出内螺纹。自攻螺钉用板厚 1.2~5.1 mm

四、螺纹连接的防松

1.螺纹连接松脱的原因

连接用的螺纹，在设计中都会满足 $\tan \lambda < \tan \varphi_V$，故连接螺纹都具有自锁性。在静载荷螺纹连接件不会自行松脱。但螺纹连接在冲击振动的变载荷作用下，螺纹的自锁性失效，螺栓与

螺母之间会产生相对转动,使螺栓连接松脱。这是由于在变动载荷作用下,螺纹副之间的摩擦力会出现瞬时消失或减小的现象;或是在温度变化比较大的场合,材料会发生蠕变和应力松弛,也会使摩擦力减小。在多次的这种作用下螺栓连接就会松脱,造成很大危害。

2.螺纹连接的防松

螺纹连接防止松脱是必须考虑的问题。螺纹防松的本质就是防止螺杆与螺母产生相对转动。常见的防松方法有摩擦防松、机械防松和其他防松。

摩擦防松就是在拧紧的螺纹连接中,加大螺旋副的正压力,这样螺杆和螺母之间摩擦力增大,使它们之间不容易产生相对转动而防松;机械防松是在拧紧的螺纹连接中,采用一定的方法,使螺杆与螺母周向固定,使其不能产生相对转动而防松。常用的防松方法见表5-3。

表5-3　螺纹连接常用的防松方法

防松方法		结 构 形 式	特 点 和 应 用
摩擦力防松	对顶螺母	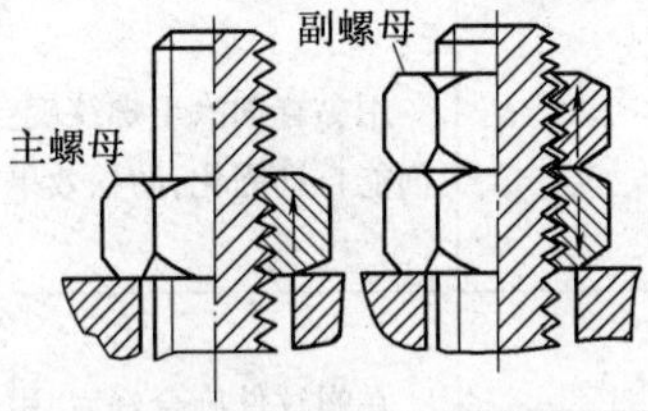 副螺母　主螺母	两螺母对顶拧紧后使旋合螺纹间始终受到附加的压力和摩擦力,从而起到防松作用。该方式结构简单,适用于平稳、低速和重载的固定装置上的连接,但轴向尺寸较大
	弹簧垫圈	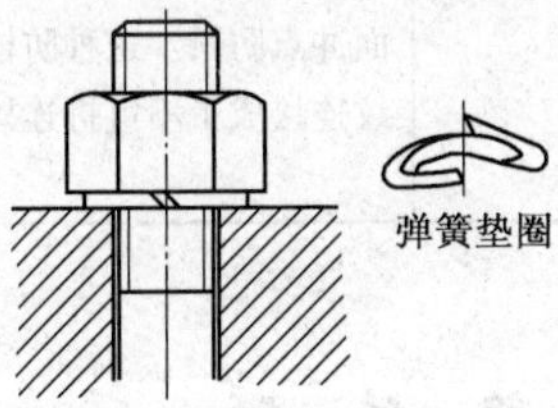 弹簧垫圈	螺母拧紧后,靠垫圈被压平产生的弹簧弹性反力使旋合螺纹间压紧,同时垫圈斜口的尖端抵住螺母与被连接件的支承面也有防松作用。该方式结构简单,使用方便。但在冲击震动的工作条件下,其防松效果较差,一般用于不甚重要的场合
	自锁螺母	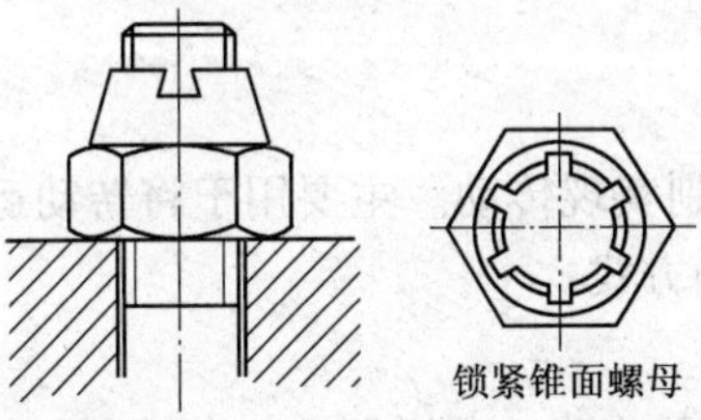 锁紧锥面螺母	螺母一端制成非圆形收口或开缝后径向收口。当螺母拧紧后,收口涨开,利用收口的弹力使旋合螺纹压紧。该方式结构简单,防松可靠,可多次装拆而不降低防松能力
机械防松	开口销与六角井槽螺母防松	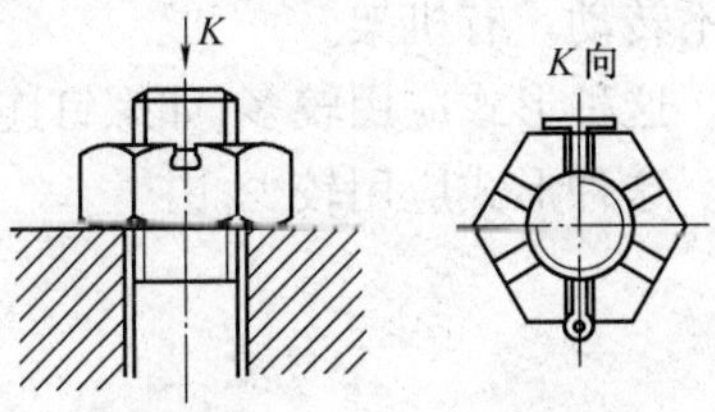 K　　K向	将开口销穿入螺栓尾部销孔和螺母槽内,并将开口销尾部掰开与螺母侧面贴紧,靠开口销阻止螺栓与螺母相对转动以防松。该方式适用于较大冲击、振动的高速机械
	止动垫圈	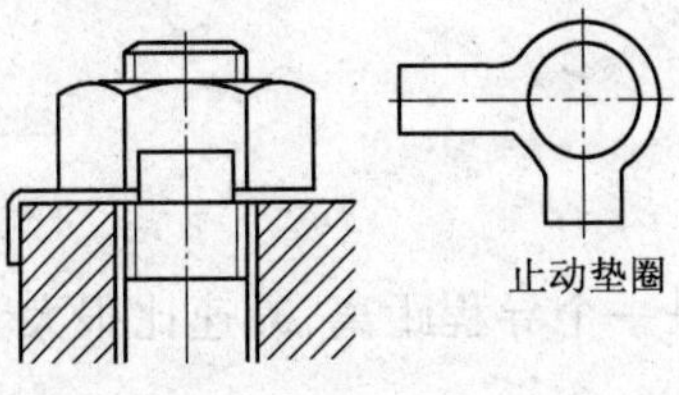 止动垫圈	螺母拧紧后,将单耳或双耳止动垫圈上的耳分别向螺母和被连接件的侧面弯折贴紧,即可将螺母锁住。该方式结构简单,使用方便,防松可靠

防松方法		结 构 形 式	特 点 和 应 用
机械防松	串联钢丝	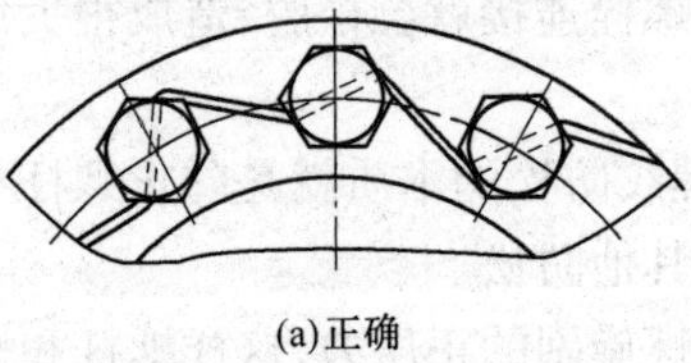 (a)正确 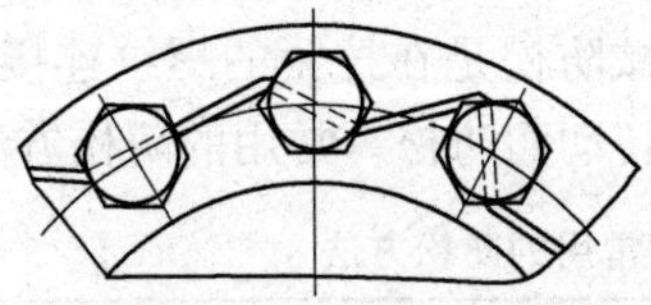 (b)不正确	用低碳钢丝穿入各螺钉头部的孔内,将各螺钉串联起来使其相互制约,使用时必须注意钢丝的穿入方向。该方式适用于螺钉组连接,其防松可靠,但装拆不方便
其他方法防松	黏和剂	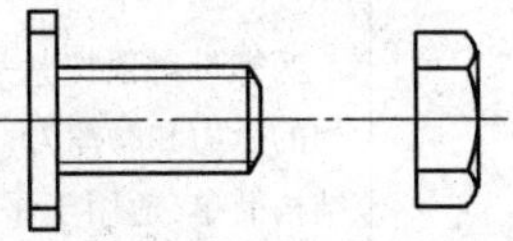	用黏合剂涂于螺纹旋合表面,拧紧螺母后黏合剂能自动固化,防松效果良好,但不便拆卸
	冲点	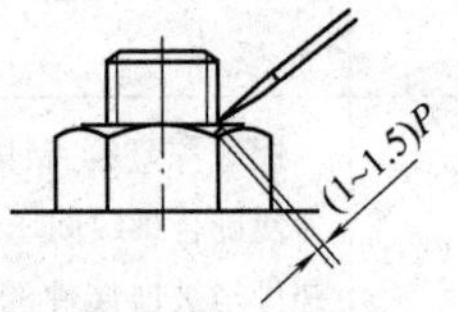	在螺纹件旋合好后,用冲头在旋合缝处或在端面冲点防松。这种防松方法效果很好,但此时螺纹连接成了不可拆连接

第三节 螺 旋 传 动

一、螺旋传动概述

螺旋传动是利用螺杆和螺母组成的螺旋副实现传动。主要用于将转动运动变为沿轴线的直线移动,以传递运动和动力的一种机械传动方式。

1.螺旋传动形式

(1)螺杆只是转动不移动,螺母只是移动不转动。有机架。如车床的丝杠。

(2)螺母只是转动不移动,螺杆只是移动不转动。有机架。

(3)螺杆既转动又移动,螺母固定为机架。这种形式应用较多,如螺钉连接。

(4)螺母既转动又移动,螺杆固定为机架。这种形式应用较少。

2.螺旋传动运动计算

在螺旋传动中有:

$$v = nS$$

式中　　v——轴向移动的速度(mm/min);

　　　　n——转动运动的转速(r/min);

　　　　S——螺纹的导程(mm)。

由上式可知,螺纹每旋转一圈,其移动只是一个导程距离,减速比很大。因此这种机构常用于减速或增力。

二、螺旋传动的类型

螺旋传动是应用较广泛的一种传动,有多种应用形式,常见的有普通螺旋传动、相对位移螺旋传动和差动位移螺旋传动等。根据用途又可分为调整螺旋、传力螺旋、传导螺旋和测量螺旋。

1.调整螺旋

调整螺旋是利用螺杆(或螺母)的转动得到轴向移动来调整或固定零件之间的相对位置。图5-5是台式虎钳的应用示例。螺杆1装在活动钳口2上,在活动钳口里能做回转运动,但不能相对移动;螺母4与固定钳口3固定,不能做相对运动,螺杆1与螺母4旋合。当操纵手柄转动螺杆1时,螺杆1就相对螺母4既做旋转运动又做轴向移动,从而带动活动钳口2相对固定钳口3做合拢或张开动作,以实现对工件的夹紧和松开。

2.传力螺旋

传力螺旋是螺杆(或螺母)用较小的力矩转动,使其产生较大的轴向力。传力螺旋以传递动力为主,用来做起重和加压工作。如螺旋千斤顶(图5-6)。其特点是转速低、传递轴向力大、具有自锁性。

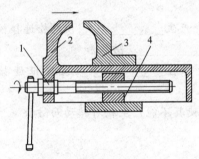

图5-5　台式虎钳
1—螺杆;2—活动钳口;3—固定钳口;4—螺母

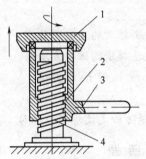

图5-6　螺旋千斤顶
1—托盘;2—螺母;3—手柄;4—螺杆

3.传导螺旋

传导螺旋是螺杆(或螺母)转动得到一定精度要求的轴向直线移动。传导螺旋以传递运动为主,具有较高的传动精度。如车床进给机构。其特点是速度高、连续工作、运动精度高。

4.测量螺旋

测量螺旋是利用螺旋机构中螺杆的精确、连续的位移变化,做精密测量,如千分尺中的微调机构、应力试验机上的观察镜螺旋调整装置(见图5-7)。

三、螺旋传动的特点

(1)螺旋传动的优点是:结构简单、加工容易、传动平稳、工作可靠、传递动力大。

(2)螺旋传动的缺点是:摩擦功耗大,传递效率低(一般只有30%~40%);磨损比较严重,易脱扣,寿命短;螺旋副中间隙较大,低速时有爬

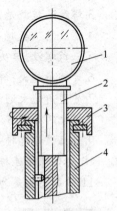

图5-7　观察镜螺旋调整装置
1—观察镜;2—螺杆;3—螺母;4—机架

行(滑移)现象,传动精度不高。

一、填 空 题

1.螺纹的主要用途是_____和_____。

2.螺纹按旋向分为_____螺纹和_____螺纹。

3.螺纹按牙型分为_____形、_____形、_____形和_____形四种。

4.能组成螺旋副的螺杆与螺母必须是旋向_____、牙型_____、参数_____。

5.普通螺纹牙形截面是_____,牙形角 $\alpha=$ _____,主要用于_____。

6.受拉螺栓连接螺栓与螺栓孔之间有_____,与螺栓相配的螺母必须_____。

7.在冲击振动的变载荷作用下,螺栓与螺母之间会产生_____,使螺栓连接松脱。

8.螺纹连接中的防松方法有_____防松、_____防松和_____防松。

9.螺栓连接的预紧力要_____,既不使螺栓_____,又保证连接所需的_____。

10.机械防松是使螺杆与螺母_____固定,使其不能产生相对转动而防松

二、判 断 题

1.外螺纹大径指最大直径,内螺纹大径指最小直径。 ( )

2.螺旋传动就是利用螺旋副固定各个零件之间的相互位置,形成可拆静连接。 ( )

3.螺纹连接就是用螺旋副把主动转动转变成沿螺纹轴线方向的从动直线移动。 ( )

4.螺纹的头数越多,螺纹的自锁性能就越好。 ( )

5.三角螺纹、单头螺纹多用于连接。 ( )

6.牙侧角越大,螺纹传动效率越高。 ( )

7.牙型角越大则螺纹的导程越大。 ( )

8.螺纹的导程 S、螺距 P 和头数 n 应满足:$P=S \cdot n$。 ( )

9.受拉螺栓连接是靠静摩擦力来连接的。 ( )

10.受剪螺栓连接是靠螺栓受剪切和挤压来连接的。 ( )

11.弹簧垫圈是为了增大支承面积,减小挤压应力。 ( )

三、选 择 题

1.用于连接的螺纹头数一般是_____。

    A.单头   B.双头   C.四头

2.螺纹按用途不同,可分为_____两大类。

    A.外螺纹和内螺纹   B.右旋螺纹和左旋螺纹   C.连接螺纹和传动螺纹

3.主要用于连接的牙型是＿＿＿＿＿＿＿＿。

    A.三角螺纹　　　B.梯形螺纹　　　C.矩形螺纹

4.受拉螺栓连接的特点是＿＿＿＿＿＿＿＿。

    A.螺栓与螺栓孔直径相等

    B.与螺栓相配的螺栓必须拧紧

    C.螺栓可有定位作用

5.螺旋传动的特点是＿＿＿＿＿＿＿＿。

    A.结构复杂　　　B.承载大　　　C.效率高

6.螺纹的公称直径是＿＿＿＿＿＿＿＿。

    A.大径　　　　B.小径　　　　C.中径

7.相邻两螺纹牙对应点的轴向距离是指＿＿＿＿＿＿＿＿。

    A.螺距　　　　B.导程　　　　C.小径

8.能说明螺纹的疏密程度的螺纹参数是＿＿＿＿＿＿＿＿。

    A.大径　　　　B.螺距　　　　C.导程

9.同一条螺旋线上相邻两螺纹牙对应点的轴向距离是指＿＿＿＿＿＿＿＿。

    A.螺距　　　　B.导程　　　　C.中径

10.在螺纹轴面内螺纹牙型两侧边的夹角是＿＿＿＿＿＿＿＿。

    A.牙型角　　　B.牙侧角　　　C.螺纹升角

11.传动效率最高的牙型是＿＿＿＿＿＿＿＿。

    A.矩形　　　　B.梯形　　　　C.锯齿形

12.只能单方向传动的牙型是＿＿＿＿＿＿＿＿。

    A.矩形　　　　B.梯形　　　　C.锯齿形

第六章

带传动与链传动

带传动和链传动都属于挠性传动,所谓挠性传动是指借助于挠形元件(带、绳、链条等)来传递运动和动力的装置。这类传动装置结构简单,易于制造。常用于中心距较大情况下的传动。在相同的条件下,与其他传动相比,简化了机构,降低了成本。图6-1(a)所示为挠性传动的工作原理图。当主动轮旋转时,通过挠性元件间接地将转动和转矩传递给从动轮。

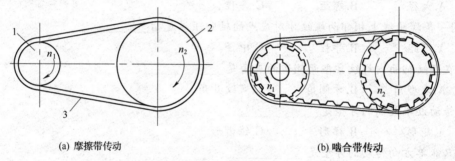

(a) 摩擦带传动　　　　　　　　　　(b) 啮合带传动

图6-1　带传动

1—主动轮;2—从动轮;3—挠性元件

带传动可分为挠性摩擦带传动〔图6-1(a)〕和挠性啮合带传动〔图6-1(b)〕两大类。链传动属于挠性啮合传动。本章主要介绍挠性摩擦带传动。

第一节　带传动概述

一、带传动的组成和工作原理

带传动是应用广泛的一种机械传动。带传动装置由主动带轮1、从动带轮2、机架和弹性带3组成(图6-1)。主动带轮1、从动带轮2与机架组成转动副,具有弹性的带闭合成环形,拉伸张紧套在主动轮和从动轮上。被拉伸的弹性带,由于弹性恢复力使带与带轮的接触弧产生压力。当主动带轮转动时,通过带与带轮接触弧上产生的摩擦力,使带产生运动,再通过摩擦力带动从动带轮产生转动,以实现运动和动力的传递。

二、带传动的类型和应用

摩擦带传动可分为如下几类。

1.平带传动

平带的横截面为扁平矩形,工作表面为内表面,如图6-2(a)所示。平带有胶帆布带、编织带、锦纶复合平带。其最常用的传动形式为两带轮轴平行、转向相同的开口传动,如图6-1(a)所示。此外,还有两轴空间交错的半交叉传动〔图 6-3(a)〕和两轴平行、转向相反的交叉传动〔图 6-3(b)〕。平带柔性好,带轮易于加工,结构简单,传动效率较高,大多用于中心距较大的场合。

2.V 带传动

V 带的横截面为等腰梯形,带卡入带轮的梯形槽内,两侧面为工作面,如图 6-2(b)所示,传动形式一般为开口传动。V 带分普通 V 带、窄 V 带、宽 V 带、汽车 V 带、齿形 V 带和接头 V 带等。其中普通 V 带应用最为广泛。

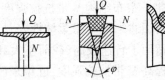

(a)平带传动　(b)V 带传动　(c)圆带传动　(d)多楔带传动

图 6-2　带传动的类型

在带轮相同尺寸下,V 带传动的摩擦力约为平带传动的 3 倍,故能传递较大的载荷,且允许的传动比也大,中心距较小,结构紧凑。目前在机床、剪切机、压力机、空气压缩机、带式输送机和水泵等机器中均采用 V 带传动。

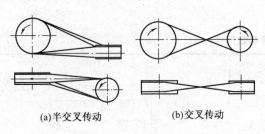

(a)半交叉传动　　　(b)交叉传动

图 6-3　平带传动形式

3.圆带传动

圆带的横截面为圆形,如图 6-2(c)所示。圆带传动能力较小,主要用于小功率传动,如缝纫机、吸尘器等。

4.多楔带传动

多楔带传动是平带和 V 带的组合结构,如图 6-2(d)所示,其楔形部分嵌入带轮上的楔形槽内,靠楔面摩擦工作。它兼有平带和 V 带的特点,柔性好、摩擦力大、能传递较大的功率,并解决了多根 V 带长短不一而使各根带受力不均的问题,传动比可达 $i=10$,带速可达 40 m/s。主要用于传递功率较大而结构要求紧凑的场合。

三、带传动的特点

(1)带传动能缓和冲击,吸收振动,传动平稳,噪声小。

(2)当带传动过载时,带在带轮上打滑,防止其他机件损坏,起到过载保护作用。

(3)结构简单,制造、安装和维修方便,成本较低。

(4)适用于两轴中心距较大的传动。

(5)带与带轮之间存在弹性滑动,故不能保证恒定的传动比。传递运动不准确。

(6)带传动效率低,$\eta = 0.92 \sim 0.94$。

(7)由于带工作时需要张紧,带对带轮轴有很大的压轴力。

(8)外廓尺寸较大,结构不够紧凑。带的使用寿命较短,需经常更换。

带传动适用于要求传动平稳,传动比不要求准确,中小功率的远距离传动。一般带传动所传递功率 $P \leqslant 50$ kW,带速 $v = 5 \sim 25$ m/s,传动比 $i \leqslant 6$。

四、V 带的结构和标准

1.普通 V 带的结构

普通 V 带是标准件,为无接头的环形。V 带的横截面为等腰梯形,其楔角 $\varphi_0 = 40°$,内部结

构由伸张层、强力层、压缩层和包布层组成,如图 6-4 所示。包布层由几层胶帆布制成,是 V
带的保护层,防止内部橡胶老化。强力层由几层胶帘布或
一排胶线绳制成,承受基本拉力。前者为帘布结构 V 带,
后者称为绳芯结构 V 带。帘布结构 V 带抗拉强度大,制造
较方便,承载能力较强;绳芯结构 V 带柔韧性好,抗弯强度
高,但承载能力较差,适用于转速较高、载荷不大和带轮直
径较小的场合。为了提高 V 带抗拉强度,近年来已开始使
用尼龙丝绳和钢丝绳作为抗拉层。伸张层和压缩层主要
由橡胶制成,带在带轮上弯曲变形时伸张层承受拉伸,压
缩层受压缩。

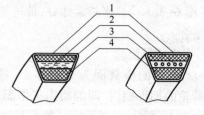

(a)帘布结构 　　　　(b)线绳结构

图 6-4　普通 V 带的结构

1—包布层;2—强力层;
3—伸张层;4—压缩层

2.普通 V 带的尺寸

我国生产的普通 V 带的尺寸采用基准宽度制,根据其横截面尺寸不同,共有 Y、Z、A、B、C、
D、E 七种型号。Y 型 V 带截面尺寸最小,E 型 V 带截面尺寸最大。各种型号 V 带的截面尺寸
见表 6-1。

表 6-1　V 带剖面基本尺寸(mm)

型　　号	Y	Z	A	B	C	D	E
顶　　宽 b(mm)	6.0	10.0	13.0	17.0	22.0	32.0	38.0
节　　宽 b_p(mm)	5.3	8.5	11.0	14.0	19.0	27.0	32.0
高　　度 h(mm)	4.0	6.0	8.0	11.0	14.0	19.0	25.0
每米长质量 q(kg/m)	0.04	0.06	0.10	0.17	0.30	0.60	0.87

当 V 带以一定的张紧力缠绕在带轮上时,伸张层受拉伸长,压缩层受压缩短,只有两者之
间有一层既不受拉也不受压,带的周长和宽度保持不变,该层为中性层。在 V 带中,中性层称
为节面,节面的宽度称为节宽 b_p,节面处的周长称为节线。国家标准规定,V 带的节线长度为
基准长度 L_d。每种型号规定了一系列标准基准长度 L_d,见表 6-2。

普通带的截面高度 h 和节宽 b_p 的比约为 0.7。窄 V 带之比约为 0.9,楔角为 $\varphi_0 = 40°$,有
SPZ、SPA、SPB、SPC 四种型号。与普通 V 带相比较,当高度相同时,窄 V 带的宽度约减少 1/3,
而承载能力却提高 1.5~2.5 倍。

带的标记压印在带的外表面上。普通 V 带和窄 V 带标记为:带型基准长度标准号

B 型普通 V 带,基准长度 2 500 mm。标记:B　2 500　GB/T 11544—1997

SPZ 型窄 V 带,基准长度 2 000 mm。标记:SPZ　2 000　GB/T 11546—1997

表 6-2 普通 V 带基准长度(摘自 GB/T 11544—1997)(mm)

型 号						
Y	Z	A	B	C	D	E
200	405	630	930	1 565	2 740	4 600
224	475	700	1 000	1 760	3 100	5 040
250	530	790	1 100	1 950	3 330	5 420
280	625	890	1 210	2 195	3 730	6 100
315	700	990	1 370	2 420	4 080	6 850
355	780	1 100	1 560	2 715	4 620	7 650
400	820	1 250	1 760	2 880	5 400	9 150
450	1 080	1 430	1 950	3 080	6 100	12 230
500	1 330	1 550	2 180	3 520	6 840	13 750
	1 420	1 640	2 300	4 060	7 620	15 280
	1 540	1 750	2 500	4 600	9 140	16 800
		1 940	2 700	5 380	10 700	
		2 050	2 870	6 100	12 200	
		2 200	3 200	6 815	13 700	
		2 300	3 600	7 600	15 200	
		2 480	4 060	9 100		
		2 700	4 430	10 700		
			4 820			
			5 370			
			6 070			

五、V 带轮的结构和标准

1.V 带轮的轮槽尺寸

在 V 带轮的轮槽上,与所配用 V 带的节面处于同一位置的轮槽宽称基准宽度 b_d,轮槽基准宽度处带轮的直径称基准直径 d_d。由于带缠绕带轮时产生弯曲变形,使胶带的楔角将比未弯曲时的 $\varphi_0 = 40°$ 减小。为保证弯曲变形后的胶带两侧仍能和轮槽贴合,应将轮槽的楔角 φ 设计成比 40° 略小些。带轮的基准直径越小,带弯曲变形越大,轮槽楔角应该越小。轮槽的截面尺寸见表 6-3。

2.V 带轮的材料

制造带轮的材料有铸铁、铸钢、铝合金和工程塑料等,其中灰铸铁应用最广泛。若带轮的圆周速度 $v \leq 25$ m/s 时,用 HT150;$v = 25 \sim 30$ m/s 时,用 HT200;速度更高或特别重要的场合带轮材料多用铸钢或钢的焊接件;低速或传递较小功率时,带轮材料可采用铝合金和工程塑料。

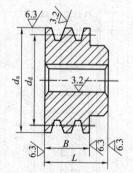

图 6-5 实心式带轮结构

3.V 带轮结构

基准直径很小[$d_d \leq (2.5 \sim 3)d$,d 为轴径]的带轮,可采用实心式(图 6-5),即轮毂与轮缘直接相连,中间没有轮辐部分;中等直径($d_d \leq 300$ mm)的带轮,可采用孔板式(图 6-6);大带轮($d_d > 300$ mm)可采用轮辐式(图 6-7)。

表 6-3 　V 带轮截面尺寸（mm）

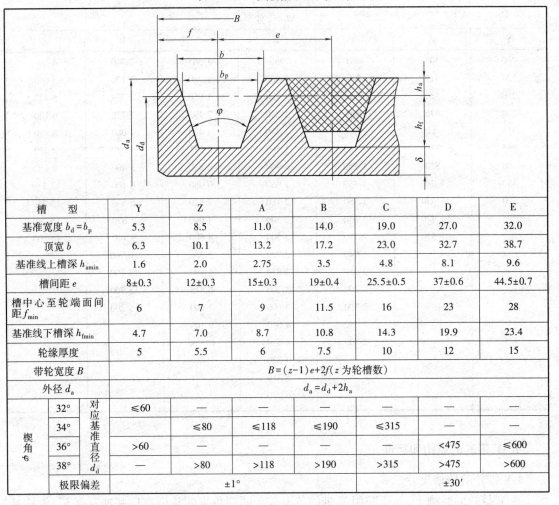

槽 型		Y	Z	A	B	C	D	E
基准宽度 $b_d=b_p$		5.3	8.5	11.0	14.0	19.0	27.0	32.0
顶宽 b		6.3	10.1	13.2	17.2	23.0	32.7	38.7
基准线上槽深 h_{amin}		1.6	2.0	2.75	3.5	4.8	8.1	9.6
槽间距 e		8±0.3	12±0.3	15±0.3	19±0.4	25.5±0.5	37±0.6	44.5±0.7
槽中心至轮端面间距 f_{min}		6	7	9	11.5	16	23	28
基准线下槽深 h_{fmin}		4.7	7.0	8.7	10.8	14.3	19.9	23.4
轮缘厚度		5	5.5	6	7.5	10	12	15
带轮宽度 B		$B=(z-1)e+2f$（z 为轮槽数）						
外径 d_a		$d_a=d_d+2h_a$						
楔角 φ	32°	对应基准直径 d_d	≤60	—	—	—	—	—	—
	34°		≤80	≤118	≤190	≤315	—	—
	36°		>60	—	—	—	—	<475	≤600
	38°		—	>80	>118	>190	>315	>475	>600
极限偏差		±1°				±30′		

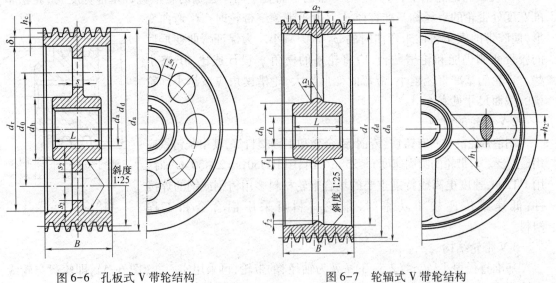

图 6-6　孔板式 V 带轮结构　　　　　　　图 6-7　轮辐式 V 带轮结构

第二节　带传动工作能力分析

一、带传动受力分析

1.初拉力 F_0

V 带传动是利用摩擦力来传递运动和动力的,因此我们在安装时就要将带张紧,从而在带和带轮的接触面上产生必要的正压力。当带没有工作时,由于带的拉长产生的弹性恢复力,使带受到的拉力称为初拉力 F_0,它作用于整个带长,如图 6-8(a)所示。

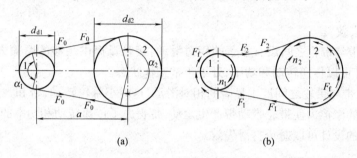

图 6-8　带传动受力图

2.紧边与松边拉力

当主动轮以转速 n_1 旋转,由于带和带轮的接触面上的摩擦力作用,使从动轮以转速 n_2 转动。这时带两边的拉力发生变化,带进入主动轮的一边被拉的更紧,称作紧边,其拉力由 F_0 增加到 F_1;带进入从动轮的一边被放松,叫做松边,其拉力由 F_0 减小到 F_2,如图 6-8(b)所示。在带与带轮的接触弧中,带的每一点受到拉力 F 的大小随带的不同位置而变化。在主动轮按其转动方向,接触弧的拉力由 F_1 逐渐减小到 F_2;在从动轮按其转动方向,接触弧的拉力由 F_2 逐渐增大到 F_1,有

$$F_2 \leqslant F \leqslant F_1$$

3.有效拉力 F_t

称 $F_t = F_1 - F_2$ 为带的有效拉力。由带的受力分析得:

$$\sum F_f = F_f = F_1 - F_2$$

式中　$\sum F_f$——带与带轮接触弧上产生的摩擦力合力。

取带轮的受力分析得:

$$F_t = \frac{1\,000P}{v} \quad (N)$$

式中　P——带传递的功率(kW);

　　　v——带的速度(m/s)。

从式中可以看出:当带速不变时候,带传递的功率 P 越高,带的有效拉力 F_t 越大。接触弧上产生的摩擦力合力 $\sum F_t$ 越大。

4.最大摩擦力 F_{max}

带与带轮接触弧上提供的摩擦力不能随着带传动的功率增大而无限增大,当带与带轮接触弧上每一点都产生摩擦力时,则摩擦力的总和达到了最大上限值,称为最大摩擦力 F_{max}。可以得到:

$$F_{max} = 2F_0 \frac{e^{f_v \alpha_1} - 1}{e^{f_v \alpha_1} + 1}$$

式中　F_0——带的初拉力；

　　　f_v——带传动的当量摩擦系数，有 $f_v = \dfrac{f}{\sin(\varphi_0 / 2)}$，$f$ 是带与带轮之间的摩擦系数，V 带楔

　　　　　角 $\varphi = 40°$；

　　　α_1——小带轮接触弧长对应的圆心角，称为小带轮包角，如图 6-8(a)所示。

当带轮安装后，F_0、f_v、α_1 都是定值，所以最大摩擦力 F_{max} 也是定值，它与带传动的功率大小无关。

5.带的打滑失效

当 $F_t < F_{max}$，带与带轮之间没有显著的相对滑动，接触弧提供足够的摩擦力使带轮可以带动带产生运动，带可以传递转动和功率，处于正常工作状态。

当 $F_t \geq F_{max}$，带与带轮之间产生显著的相对滑动，这时小带轮转动，带和大带轮不再运动。带不能提供更多的摩擦力使带轮带动带产生运动，带丧失了传递转动和功率的能力，称为打滑失效。通过合理的设计可以避免打滑失效。

二、带传动应力分析

1.带上的基本拉应力

紧边拉应力 σ_1：紧边拉力 F_1 产生的拉应力 $\sigma_1 = \dfrac{F_1}{A}$，产生于紧边；

松边拉应力 σ_2：松边拉力 F_2 产生的拉应力 $\sigma_2 = \dfrac{F_2}{A}$，产生于松边。

接触弧中的拉应力 σ：接触弧上的带每一点受到大小不同的拉力 F 作用，它产生的拉应力为 $\sigma = \dfrac{F}{A}$，σ 产生于大、小带轮的接触弧中，它随着接触弧的位置不同而变化。满足 $\sigma_2 \leq \sigma \leq \sigma_1$。$A$ 为传动带的横截面积，如图 6-9 所示。

2.弯曲正应力

带在带轮由于弯曲变形产生的弯曲应力。产生于大、小带轮的接触弧中。

小带轮弯曲应力

$$\sigma_{b1} = E \frac{h}{d_1}$$

大带轮弯曲应力

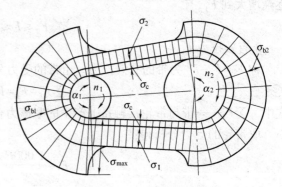

图 6-9　带上的应力分布

$$\sigma_{b2} = E \frac{h}{d_2}$$

式中　E——带的拉压弹性模量(MPa)；

　　　h——带厚(mm)；

　　　d_1、d_2——大小带轮的直径(mm)。

由于 $d_2 > d_1$，所以 $\sigma_{b2} < \sigma_{b1}$，如图 6-9 所示。

3.离心拉应力

带在带轮做圆周运动时,带为了提供向心力使带的拉力进一步加大产生的附加拉力为离心拉力 F_c。

$$F_c = qv^2$$

离心拉应力为 σ_c,有:

$$\sigma_c = \frac{F_c}{A} = \frac{qv^2}{A}$$

式中　v——带的速度(m/s);

　　　q——带每米长度的质量(kg/m)。

离心拉应力产生于整个带长中。如图6-9所示。

4.最大正应力 σ_{max}

由图6-9看出带上进入小带轮处产生最大正应力 σ_{max}。有:

$$\sigma_{max} = \sigma_1 + \sigma_{b1} + \sigma_c$$

带不被疲劳拉断有:

$$\sigma_{max} \leq [\sigma]$$

式中　$[\sigma]$——许用疲劳应力。

当 $\sigma_{max} > [\sigma]$,带可能被拉断,失去工作能力,称为拉断失效。

三、带的弹性滑动

1.带的弹性滑动概念

传动带在工作时,受到拉力的作用要产生弹性变形。由于紧边和松边受到的拉力不同,其所产生的弹性变形也不同。当带绕过主动轮时,在接触弧上所受的拉力由 F_1 减小至 F_2,带的拉伸程度也会逐渐减小,造成带在传动中会沿轮面向后滑动,使带的速度滞后主动轮的线速度。同样,当带绕过从动轮时,带上的拉力由 F_2 增加到 F_1,弹性伸长量逐渐增大,带沿着轮面也产生向前滑动,此时带的速度超前从动轮的线速度。这种由于带在接触弧上受到的拉力变化,使带的弹性伸长量产生变化,造成带与带轮在接触弧上产生微小的、局部的相对滑动运动,称为弹性滑动。

2.产生的原因

带工作状态传递功率时,由于带两边的拉力大小不等,必将产生弹性滑动。弹性滑动是带在正常工作状态下,不可避免的一种现象。

3.造成结果

(1)造成带的传动比 $i = \frac{n_1}{n_2}$ 不是恒定常数。n_1、n_2 分别是主动带轮和从动带轮的转速(r/min)。

设主动带轮的线速度 $v_1 = \frac{\pi d_1 n_1}{60 \times 1\,000}$;从动带轮的线速度 $v_2 = \frac{\pi d_2 n_2}{60 \times 1\,000}$,带速为 v。由于弹性滑动,在主动轮上带速滞后于带轮的线速度;在从动轮上带速超前于带轮的线速度。有:$v_2 < v < v_1$。

设带传动的滑动率为 ε,有:

$$\varepsilon = \frac{v_1 - v_2}{v_1} = \frac{d_1 n_1 - d_2 n_2}{d_1 n_1}$$

得:$i = \dfrac{n_1}{n_2} = \dfrac{d_2}{d_1(1-\varepsilon)}$

ε 是随带传递功率 P 变化而变化的变量,但它在 0.01~0.12 小范围内变化。

不考虑弹性滑动时:

$$v_1 = v_2 = v = \dfrac{\pi d_1 n_1}{60 \times 1\,000}$$

(2)造成传动效率不高。

(3)造成带的磨损。

四、影响带工作能力的因素

带传动两种失效形式是打滑失效和拉断失效,带传动的工作能力就是保证它的承载能力和使用寿命。而带的承载能力和使用寿命与下列因素有关。

1.初拉力 F_0

初拉力 F_0 越大,最大摩擦力 F_{max} 越大,有效拉力 F_t 越大,带所传递的功率 P 越大,带的承载能力越高。

如果初拉力 F_0 过大,紧边拉力 F_1 越大,紧边拉应力 σ_1 越大,最大正应力 σ_{max} 越大,带易拉断。

2.小带轮包角 α_1

α_1 为主动轮接触弧对应圆心角,α_1 越大,最大摩擦力 F_{max} 越大,有效拉力 F_t 越大,带所传递的功率 P 越大,带的承载能力越高。

由小带轮包角计算式 $\alpha_1 = 180° - \dfrac{d_2 - d_1}{a} \times 57.3°$ 看到增加两带轮中心距 a,可增大小带轮包角。要求:$\alpha_1 > 120°$。

如果小带轮包角 α_1 对应小带轮上最大摩擦力 F_{max1},大带轮包角 α_2 对应大带轮上最大摩擦力 F_{max2},由于 $\alpha_1 < \alpha_2$,所以 $F_{max1} < F_{max2}$。可以看出打滑失效首先发生在小带轮上。

3.带与带轮之间当量摩擦系数 f_v

当量摩擦系数 f_v 越大,最大摩擦力 F_{max} 越大,有效拉力 F_t 越大,带所传递的功率 P 越大。由于 $f_v = \dfrac{f}{\sin(\varphi_0/2)}$,$f_v > f$。所以 V 带的传递功率能力大于平型带。

4.带速 v

由 $F_t = \dfrac{1\,000P}{v}$,看出带速 v 越大,带所传递的功率 P 越大,带的承载能力越大,并且可以保证有效拉力 F_t 不增加,而不发生打滑失效。

当 v 过大,离心拉力 F_c 越大,离心拉应力 σ_c 越大,最大正应力 σ_{max} 越大,带易拉断。要求:带速 $v = 5$~25 m/s。

5.小带轮直径 d_1

小带轮直径 d_1 越大,带速 v 越大,带所传递的功率 P 越大;同时小带轮紧边拉应力 σ_{b1} 越小,最大正应力 σ_{max} 越小,带的承载能力越大。由于带在接触弧上发生弯曲应力,带轮直径越小,弯曲应力越大,带的寿命也就越小。所以要对小带轮直径也加以限制。$d_1 \geq d_{min}$,d_{min} 是小带轮最小的直径,由带的型号来选取。具体数值见表 6-4。

表6-4　最小基准直径 d_{min}（mm）

型　号	Y	Z	A	B	C	D	E
d_{min}	20	50	75	125	200	355	500

但小带轮直径 d_1 加大,大带轮直径 d_2 更大,导致带轮整体结构庞大。

6.带的型号

带的型号越大,带的尺寸越大,带的承载能力越大。但带轮槽的尺寸加大,带轮整体结构庞大。

7.带的根数 Z

带的根数 Z 越大,带的承载能力越大,但带轮整体结构越庞大,每根带受力越不均匀,产生偏载。为防止过大的载荷不均,一般要求带的根数 $Z \leqslant 10$。

8.中心距 a 与带长度 L

两带轮中心距 a 越大,小带轮包角 α_1 也越大,对带承载越有利。同时中心距越大,带的长度 L 越长,带在传动过程弯曲次数相对减少,也有利于提高带的使用寿命。但是两带轮的中心距往往受到空间位置限制,而且中心距过大,容易引起带抖动,会使承载能力下降。为此,中心距 a 一般取 $0.7 \sim 2$ 倍的 $(d_1 + d_2)$。中心距确定之后带长度 L 可按下式计算,然后按表6-2选定。

$$L = 2a + \frac{\pi}{2}(d_2 + d_1) + \frac{(d_2 - d_1)^2}{4a}$$

第三节　带传动的张紧、安装及维护

一、带传动的张紧

1.张紧的概念

带传动是摩擦传动,适当的张紧力（初拉力）可提供足够的正压力,进而产生足够的最大摩擦力,是保证带传动正常工作的重要因素。张紧力不足,传动带将在带轮上打滑,使传动带急剧磨损;张紧力过大则会使带容易疲劳拉断,寿命降低,也使轴和轴承上的作用力增大。一般规定用一定的载荷加在两带轮中点的传动带上,使它产生一定的挠度来确定张紧力是否合适。通常在两带轮相距不大时,以用拇指在带的中部能压下 15 mm 左右为宜,如图6-10所示。

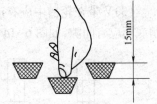

图6-10　带张紧度判定

带因长期受拉力作用,将会产生塑性变形而伸长,从而造成张紧力减小,传递能力降低,致使传动带在带轮上打滑。为了保持传动带的传递能力和张紧程度,常用张紧轮和调节两带轮间的中心距进行调整。

2.张紧的方法

图6-11是利用张紧轮调整张紧力的示意图。对平带传动,张紧轮应安装在传动带的松边外侧并靠近小带轮处,如图6-11(a)所示。对V带传动,为了防止V带受交变应力作用而应把张紧轮放在松边内侧,并靠近大带轮处,如图6-11(b)所示。

图6-12是利用调整中心距的方法来调整张紧力的示意图。其中图6-12(a)是用于水平（或接近水平）传动时的调整装置,利用调整螺钉来调整中心距的大小,以改变传动带的张紧

程度;图6-12(b)是用于垂直(或接近垂直)传动时的调整装置,利用电动机自重和调整螺钉来调整中心距的大小,以改变传动带的张紧程度。

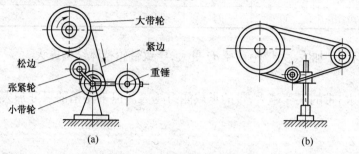

图 6-11　采用张紧轮张紧

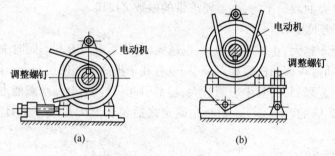

图 6-12　调整中心距张紧

二、带传动安装和维护

为了延长带的使用寿命,保证传动的正常运转,必须正确地安装使用和维护保养。

(1)安装时,两轴线应平行,主动带轮与从动带轮的轮槽应对正,如图6-13所示。两带轮相对应的V形槽的对称面应重合,误差不超过20′。以防带侧面磨损加剧。

(2)安装V带时应按规定的初拉力张紧。装带时不能强行撬入,应将中心距缩小,待V带进入轮槽后再加大中心距来张紧。

(3)V带在轮槽中应有正确的位置,安装在轮槽内的V带顶面应与带轮外缘相平,带与轮槽底面应有间隙,如图6-14所示。

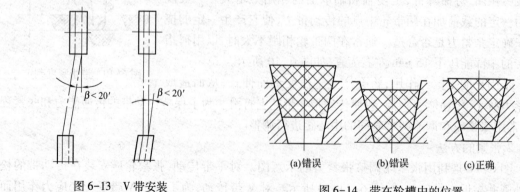

图 6-13　V带安装　　　　　　　图 6-14　带在轮槽中的位置

(4)选用V带时要注意型号和长度,型号应和带轮轮槽尺寸相符合。新旧不同的V带不同时使用。如发现有的V带出现疲劳撕裂现象时,应及时更换全部V带。

（5）为确保安全,带传动应设防护罩。

（6）带不应与酸、碱、油接触,工作温度不宜超过 60 ℃。

第四节　链传动简介

一、链传动概述

链传动由具有特殊齿形的主动链轮 1、从动链轮 2 和链条 3 组成,如图 6-15 所示。链条绕在主动链轮和从动链轮上,通过链条的链节与链轮轮齿的啮合来传递平行轴间的运动和动力。

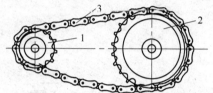

图 6-15　链传动

链传动是以链条为中间挠性件的啮合传动,与带传动相比,链传动具有下列特点:

（1）能保证准确的平均传动比。

（2）传递功率较大 $P \leqslant 100$ kW;传动效率较高,一般可达 $\eta = 0.94 \sim 0.97$。

（3）链传动是啮合传动,没有带传动的滑动现象。张紧力小,故对轴和轴承的压力小。

（4）能在低速、重载和高温条件下,以及尘土、水、油等不良环境中工作。

（5）能用一根链条同时带动几根彼此平行的轴转动。

（6）由于链节的多边形运动,所以瞬时传动比是变化的,瞬时链速不是常数,传动中会产生附加动载荷,产生冲击和振动,传动平稳性差,工作时有噪声。因此不宜用于要求精密传动的机械上。

（7）安装和维护要求较高,制造成本也比带传动高,无过载保护作用。

（8）链条的铰链磨损后,使链条节距变大,传动中易发生跳齿和脱链。

链传动用于两轴平行、中心距较远、传递功率较大且平均传动比要求准确、不宜采用带传动或齿轮传动的场合。在轻工机械、农业机械、石油化工机械、运输起重机械及机床、汽车、摩托车和自行车等的机械传动中得到广泛应用。

链传动的传动功率 $P \leqslant 100$ kW,传动比一般 $i \leqslant 6$;两轴中心距 $a \leqslant 6$ m;链条速度 $v \leqslant 15$ m/s。

按链的用途不同,链传动分为传动链、起重链和输送链三种。传动链主要在一般机械中用于传递动力和运动;起重链主要在起重机械中用于提升重物,牵引、悬挂物体兼作缓慢运动;输送链主要在各种输送装置中输送工件、物品和材料。

本节只介绍传动链。

二、链条类型

传动链的种类繁多,最常用的是滚子链和齿形链。

1.滚子链（套筒滚子链）

图 6-16 所示为滚子链,由内链板 1、外链板 2、销轴 3、套筒 4 和滚子 5 组成。销轴与外链板、套筒与内链板分别采用过盈配合连接成一个整体,组成外链节、内链节。销轴与套筒之间采用间隙配合构成,外、内链节之间能相对转动。套筒能够绕销轴自由转动,滚子又可绕套筒自由转动,使链条与链轮啮合时形成滚动摩擦,减轻链条和链轮轮齿的磨损。链板常制成 ∞ 形,以减轻链条的重量。

链条上相邻两销轴中心的距离 p 称为节距,它是链条的主要参数。链轮转速越高,节距越大,齿数越少,动载冲击越严重,传动越不平稳,噪声越大。节距越大,链条尺寸越大,所能传递的功率也越大。当链轮的齿数一定时,链轮的直径随节距的增大而增大。因此,在传递较大功率时,为了减少链轮直径,常采用小节距多排链。多排链相当于几个普通的单排链彼此之间用长销轴连接而成,排数越多,其承载能力越强,但由于制造和安装误差的影响,各排链的载荷分布不均匀,所以排数不宜过多,一般不超过四排链。常用的有双排链(图 6-17)和三排链。

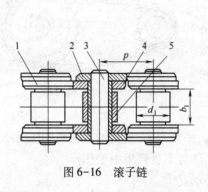

图 6-16　滚子链

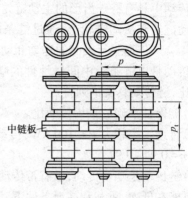

图 6-17　双排链

链条的长度用链节的数目表示。为将链条两端连接起来,当链节数为偶数时,正好是外链板与内链板相接,可用开口销或弹簧锁片固定销轴,如图 6-18 所示。若链节数为奇数,则需采用过渡链节,由于过渡链节的链板要受附加的弯矩作用,对传动不利,故尽量不采用奇数链节的闭合链。

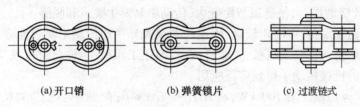

(a) 开口销　　　　　　(b) 弹簧锁片　　　　　　(c) 过渡链式

图 6-18　链条的连接

滚子链已有国家标准,分为两个系列。

2.齿形链

齿形链由齿形链板、导板、套筒和销轴等组成,如图 6-19 所示,与滚子链相比较,齿形链传动平稳,传动速度高,承受冲击的性能好,噪声小(又称无声链),但结构复杂,装拆较难,质量较大,易磨损,成本较高。多用于高速或运动精度要求较高的场合。

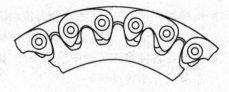

图 6-19　齿形链

三、滚子链链轮

1.链轮的齿形

链轮的齿形应保证链节能平稳、顺利地进入和退出啮合,啮合时滚子与齿面接触良好,各齿磨损均匀,不易脱链,且齿形应简单,便于加工。链轮的齿形已标准化,常用的端面齿形如图 6-20 所示,它是由 aa、ab、cd 三段圆弧和一直线 bc 组成,简称"三圆弧一直线"齿形。这种齿形接触应力小,磨损轻,冲击小,齿顶较高,不易跳齿和脱链,且加工也较容易。国标规定链轮的轴向齿形为圆弧状,以使链节便于与链进入啮合和退出啮合。

2.链轮的结构

链轮由轮缘、腹板、轮毂组成,其结构形式如图 6-21 所示。小直径链轮可制成实心式,中等直径的链轮采用腹板式或孔板式,大直径($d>200$ mm)链轮可采用组合式,齿圈与轮芯用不同材料制造,齿圈用螺栓连接或焊接在轮芯上。轮芯用一般钢材或铸铁制造可节省贵重钢材,同时轮齿磨损后只需更换齿圈就行。

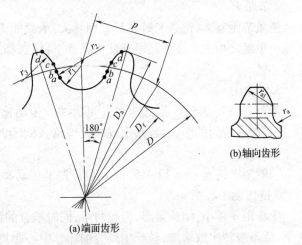

(b)轴向齿形

3.链轮的材料

链轮材料应能保证轮齿有足够的强度和耐磨性,所以齿面要经过热处理。由于小链轮的啮合次数比大链轮的多,磨损和受冲击也较严重,因此小链轮应选用更好的材料。链轮材料一般用中碳钢或中碳合金钢,如 45、40Cr、35SiMo

(a)端面齿形

图 6-20　滚子链链轮端面齿形和轴向齿形

等,经表面淬火处理后,硬度为 40~50HRC;高速、重载或有冲击载荷时用低碳钢或低碳合金钢,如 15、20、15Cr、20Cr,表面渗碳后经淬火、低温回火,硬度为 55~60HRC。低速、轻载、齿数较多时大链轮可以用铸铁制造,而小链轮用钢制。

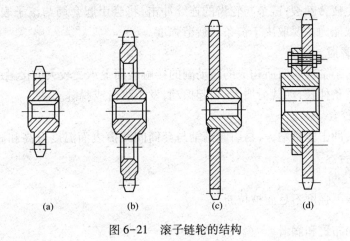

| (a) | (b) | (c) | (d) |

图 6-21　滚子链轮的结构

四、链传动的主要参数和失效形式

(一)链传动的主要参数

1.齿数 z

为了使链传动工作平稳,小链轮的齿数 z_1 不宜过少,可由表 6-5 中选择。大链轮齿数 $z_2 = iz_1$,z_1 增加导致 z_2 增加,链传动磨损后容易引起脱链,还导致链传动的总体尺寸和重量增大,所以 $z_{min} \leq 120$。选择链条时,链条长度 L_p 以链节数表示,链节数一般取为偶数,大小链轮齿数应尽量选取与链节数互为质数的奇数,优选数值为:17、19、21、23、25、38、57、76、95、114 等。

表 6-5　小链轮齿数选择

链速 v(m/s)	0.6~3	3~8	>8
小链轮齿数 z_1	≥15~17	≥21	≥23~25

2. 节距 P

链条节距越大,链条与链轮尺寸则越大,承载能力越高。但传动速度的不均匀性、动载荷和噪声也随之增大。在满足承载能力条件下,应选择小节距,尤其是高速重载时,宜优选小节距多排链。

3. 传动比 i

推荐 $i \le (2~3.5)$。当低速时,i 可大些。传动比过大小链轮的包角过小,啮合的齿数太少,这将加速轮齿的磨损,容易出现跳齿现象,要求包角不小于 $120°$。

4. 速度 v

一般要求链速 $v \le (12~15)$ m/s,以控制链传动噪声。

5. 链传动中心距 a

中心距 a 越小,结构紧凑,但包角小,同时啮合的齿数少,磨损严重,易产生脱链;在同一转速下,链条绕转次数增加,易产生疲劳损坏。中心距增大,对传动有利,但结构过大,链条抖动加剧。所以,一般取:$a = (30~50)p$,$a_{max} = 80p$。

(二) 链传动的失效形式

1. 链条的疲劳破坏

链条工作时,紧边与松边拉力不等,造成链条各个元件承受交变应力,超过一定的应力循环次数,链板发生疲劳断裂;链节与轮齿的连续冲击,将会引起套筒与滚子表面疲劳点蚀。所以,链传动的承载能力主要取决于链条的疲劳强度。

2. 链条铰链磨损

链条工作时,销轴与套筒所构成的转动副的接触表面上承受较大的接触应力,容易磨损产生间隙,从而使链条伸长,动载荷增大,引起振动,发生跳齿或脱链。

3. 链条铰链胶合

转速很高时,冲击能量增大,易引起销轴与套筒间摩擦表面温度升高和润滑油膜的破坏,从而导致铰链胶合。

4. 链条静力拉断

低速时,链条因强度不足而被拉断。

五、链传动的布置和润滑

(一) 链传动的布置

(1) 两链轮轴线平行,且两链轮的回转平面必须位于同一铅垂平面内。

(2) 两链轮的中心连线最好是水平的,如图 6-22(a)所示,或两链轮中心连线与水平面成 $45°$ 以下的倾斜角,如图 6-22(b)所示。

(3) 尽量避免两链轮上下布置。必须采用两链轮上下布置时,应采取以下措施:中心距可调整;设张紧装置;上下两轮应错开,使其轴线不在同一铅垂面内,如图 6-22(c)所示。

(4) 一般使链条的紧边在上、松边在下。否则,松边在上,链条松弛下垂后可能与紧边相碰,也可能发生与链轮卡死的现象。

（二）链传动的润滑

良好的润滑,可以缓和冲击,减少磨损,提高工作能力和传动效率,延长使用寿命。链传动

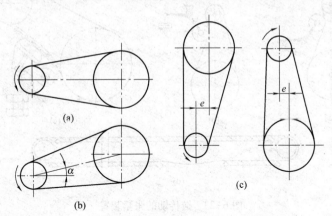

图 6-22 链传动的布置

采用的润滑方式有以下几种。

1.人工定期润滑

用油壶或油刷,每班注油一次。适用于低速 $v \leqslant 4 \text{ m/s}$ 的不重要链传动。

2.滴油润滑

用油杯通过油管滴入松边内、外链板间隙处,每分钟约 5~20 滴。适用于 $v \leqslant 10 \text{ m/s}$ 的链传动。

3.油浴润滑

将松边链条浸入油盘中,浸油深度为 6~12 mm,适用于 $v \leqslant 12 \text{ m/s}$ 的链传动。

4.飞溅润滑

在密封容器中,甩油盘将油甩起,沿壳体流入集油处,然后引导至链条上。但甩油盘线速度应大于 3 m/s。

5.压力润滑

当采用 $v \geqslant 8 \text{ m/s}$ 的大功率传动时,应采用特设的油泵将油喷射至链轮链条啮合处。

不论采用何种润滑方式,润滑油应加在松边上,因为松边链节松弛,润滑油容易流到需要润滑的缝隙中。

（三）链传动的张紧

链传动的松边如果垂度过大,将会引起啮合不良和链条振动的现象,所以必须进行张紧。常用的张紧方法有:

1.调整中心距

移动链轮增大中心距。

2.缩短链长

当中心距不可调时,可去掉 1~2 个链节。

3.采用张紧装置

图 6-23(a)、(b)所示采用张紧轮。张紧轮一般布置在松边外侧且靠近小链轮。图 6-23(c)是采用压板,压板布置在链条的松边便可张紧。图 6-23(d)是采用托板,对于中心距较大的链传动,用托板控制链的垂度较好。

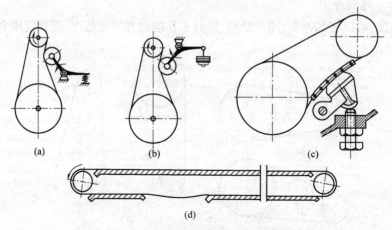

图 6-23 链传动的张紧装置

一、填空题

1.带传动由_____带轮、_____带轮和_____带组成。

2.带传动依靠传动带与带轮间产生的_____来带动实现运动和动力的传递。

3.带传动能缓和_____,吸收_____,传动_____,噪声小。

4.V带的七种型号是_____。

5.在带与带轮的接触弧中,带的每一点受到拉力 F 的大小随带的_____而变化。

6.带传动的有效拉力 F_t =_____。

7.带传动的摩擦力总和达到了最大上限值,称为_____。

8.带传动不发生打滑的条件是_____。

9.紧边拉力 F_1 产生的拉应力 σ_1 =_____,产生于紧边。

10.带在带轮接触弧上由于弯曲变形产生应力称为_____应力。

11.带传动中的离心拉应力 σ_c 产生于_____带长中。

12.带传动的张紧是由于带产生塑性伸长而_____,初拉力 F_0 _____。

13.带传动中带的最大应力是_____。

14.带的失效形式是_____、_____。

15.由于带弹性_____的变化,使带在接触弧上产生微小局部相对滑动,称为_____滑动。

16.带的弹性滑动造成带的_____不是恒定常数。

17.带张紧方法有_____轮和加大两带轮_____距。

18.链传动由具有特殊齿形的_____链轮、_____链轮和_____组成。

19.链条上相邻两销轴中心的_____ p 称为节距。

20.滚子链的节距越大,链条的尺寸_____,承载能力_____。

二、判 断 题

1.带传动是通过带与带轮之间产生的摩擦力来传递转动和转矩的。　　　　　（　　　）

2.相同情况下,V带传动的传动能力大于平带传动的传动能力。　　　　　　（　　　）

3.V带的横截面为梯形,下面为工作面。　　　　　　　　　　　　　　　（　　　）

4.带传动结构简单,制造、安装和维修方便,成本较低。　　　　　　　　　（　　　）

5.带与带轮之间存在弹性滑动,传动效率低、不能保证恒定的传动比。　　　（　　　）

6.带传动外廓尺寸较大,结构不紧凑,还需要张紧装置。　　　　　　　　　（　　　）

7.没有初拉力带就不能传递功率。　　　　　　　　　　　　　　　　　　（　　　）

8.离心拉应力是由于带在带轮上作圆周运动产生离心力所致。　　　　　　　（　　　）

9.弯曲应力在整个带长上都有。　　　　　　　　　　　　　　　　　　　（　　　）

10.带传动中,如果包角偏小,可增加中心距。　　　　　　　　　　　　　（　　　）

11.当 $F_t < F_{max}$,带与带轮之间没有显著的相对滑动,带可处于正常工作状态。（　　　）

12.带上进入小带轮处产生最大正应力 σ_{max}。　　　　　　　　　　　　　（　　　）

13.弹性滑动是带在正常工作状态下,不可避免的一种现象。　　　　　　　（　　　）

14.初拉力 F_0 越大,带所传递的功率 P 越大,带的承载能力越高。　　　　（　　　）

15.小带轮的包角 σ_1 越大,带所传递的功率 P 越大,带的承载能力越高。　（　　　）

16.打滑失效首先发生在小带轮上。　　　　　　　　　　　　　　　　　　（　　　）

17.带速 v 越大,带所传递的功率 P 越大。　　　　　　　　　　　　　　（　　　）

18.小带轮直径 d_1 越大,带速 v 越大,带所传递的功率 P 越大。　　　　（　　　）

19.链传动是通过链条的链节与链轮轮齿的啮合来传递运动和动力。　　　　（　　　）

20.链传动能保证准确的平均传动比。　　　　　　　　　　　　　　　　　（　　　）

21.链传动能在低速、重载和高温等不良环境中工作。　　　　　　　　　　（　　　）

22.链轮转速越高,节距越大,齿数越少,传动越不平稳。　　　　　　　　　（　　　）

三、选 择 题

1.V带传动的特点是＿＿＿＿＿＿。

　　A.缓和冲击,吸收振动　　B.结构复杂　　　　　　C.成本高

2.V带传动的特点是＿＿＿＿＿＿。

　　A.传动比准确　　　　　　B.传动效率高　　　　　C.没有保护作用

3.B型带的剖面尺寸和承载能力大于＿＿＿＿＿＿。

　　A.Y型　　　　　　　　　B.D型　　　　　　　　C.E型

4.带的带轮上由于弯曲产生的弯曲应力是＿＿＿＿＿＿。

　　A.大轮>小轮　　　　　　B.大轮=小轮　　　　　C.大轮<小轮

5.由于带的弹性变形的变化引起的微小、局部滑动现象称为＿＿＿＿＿＿。

　　A.弹性滑动　　　　　　　B.打滑　　　　　　　　C.正常传动

6.带传动中,主动轮与从动轮圆周速度 v_1,v_2,带的速度 v 之间的关系为＿＿＿＿＿＿。

　　A.$v_2 < v < v_1$　　　　　B.$v < v_1 < v_2$　　　　C.$v_1 < v < v_2$

7.增加小带轮包角的方法有＿＿＿＿＿＿。

　　A.增大中心距　　　　　　B.增加小带轮直径　　　C.加大带速

第七章

齿 轮 传 动

    齿轮传动是主动齿轮、从动齿轮轮齿依次啮合，传递运动和动力的装置。主动齿轮、从动齿轮以轮齿齿廓曲面相切接触构成平面高副。齿轮传动是传递机器动力和运动的一种主要形式。它与皮带、摩擦机械传动相比，具有功率范围大、传动效率高、传动比准确、使用寿命长、安全可靠等特点，因此它已成为许多机械产品不可缺少的传动部件。齿轮的设计与制造水平将直接影响到机械产品的性能和质量。由于它在工业发展中有突出地位，致使齿轮被公认为工业化的一种象征。

第一节　齿轮传动概述

一、齿轮传类型及传动特点

（一）齿轮传动的分类

1.按两齿轮轴线的位置不同分类

两齿轮轴线平行：直齿圆柱齿轮传动〔图7-1（a）〕；斜齿圆柱齿轮传动〔图7-1（b）〕；人字齿圆柱齿轮传动〔图7-1（c）〕。圆柱齿轮是在圆柱体外表面或圆柱孔内表面开设轮齿。

两齿轮轴线相交：直齿锥齿轮传动〔图7-1（e）〕；斜齿锥齿轮传动〔图7-1（f）〕；曲齿锥齿轮传动。锥齿轮是在圆锥体外表面或圆锥孔内表面开设轮齿。

两齿轮轴线交错：螺旋齿轮传动〔图7-1（g）〕；蜗轮蜗杆传动〔图7-1（h）〕。

2.按两齿轮啮合方式分类

外啮合：两个圆柱体外表面开设的齿轮相互啮合，两齿轮转动方向相反〔图7-1（a、b）〕。

内啮合：一个圆柱体外表面开设的齿轮与圆柱孔内表面开设的齿轮相互啮合，两齿轮转动方向相同〔图7-1（d）〕。

齿轮与齿条啮合：一个圆柱体外表面开设的齿轮与杆状构件开设的直线齿廓轮齿的齿条相互啮合，齿轮转动，齿条移动〔图7-1（i）〕。

3.按轮齿齿廓曲线形状分类

渐开线齿轮、圆弧齿轮、摆线齿轮等。本章主要讨论制造、安装方便，应用最广的渐开线齿轮。

4.按照工作条件分类

开式齿轮传动和闭式齿轮传动。前者轮齿外露，灰尘易于落在齿面。后者轮齿密封在刚性箱体内，具有良好的润滑条件。

（二）齿轮传动特点

齿轮传动用来传递任意两轴之间的运动和动力。其圆周速度可达 300 m/s；传递功率可

达 10^5 kW;齿轮直径可从 1~15 m,是现代机械中应用最广泛的一种机械传动。

1.齿轮传动的优点

(1)能保证瞬时传动比恒定不变。

(2)适用的圆周速度和功率范围广。

(3)传动平稳、噪声小,传动效率高。

(4)结构紧凑,工作可靠,寿命长。

2.齿轮传动的缺点

(1)要求较高的制造和安装精度,成本较高。

(2)不适宜于远距离两轴之间的传动。

(3)低精度齿轮在传动时会产生噪声和振动。

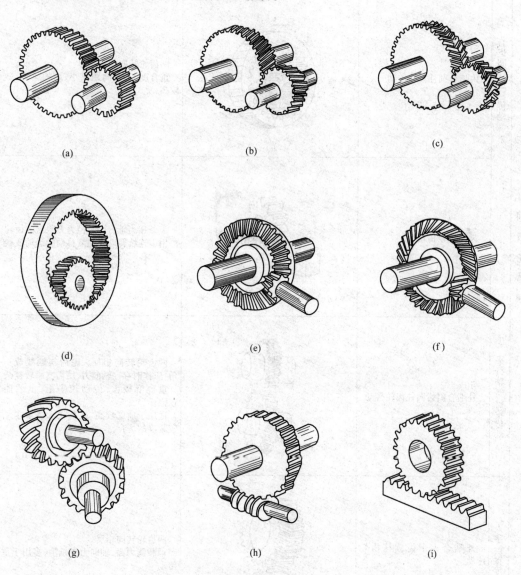

(a)　　　　　　　　　(b)　　　　　　　　　(c)

(d)　　　　　　　　　(e)　　　　　　　　　(f)

(g)　　　　　　　　　(h)　　　　　　　　　(i)

图 7-1　齿轮传动类型

齿轮传动的主要类型、特点和应用见表 7-1。

表 7-1　齿轮传动类型、特点和应用

分类		名称	示意图	特点和应用
平行轴齿轮传动	直齿圆柱齿轮传动	外啮合直齿圆柱齿轮传动	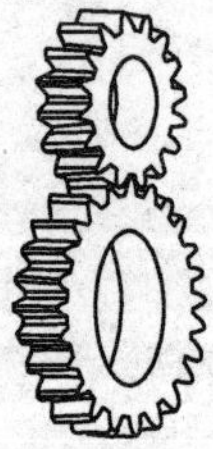	两齿轮转向相反。轮齿与轴线平行，工作时无轴向力。 重合度较小，传动平稳性较差，承载能力较低。 多用于速度较低的传动，尤其适用于变速箱的换挡齿轮
平行轴齿轮传动	直齿圆柱齿轮传动	内啮合圆柱齿轮传动	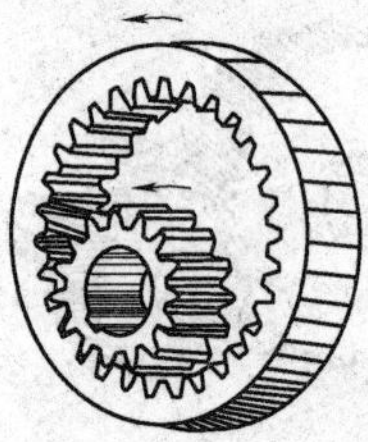	两齿轮转向相同。 重合度大，轴间距离小，结构紧凑，效率较高
平行轴齿轮传动	直齿圆柱齿轮传动	齿轮齿条传动	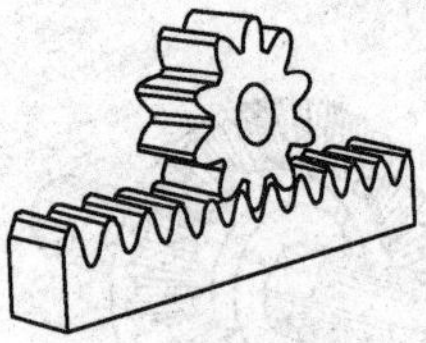	齿条相当于一个半径为无限大的齿轮。 用于连续转动到往复移动的运动变换
平行轴齿轮传动	平行轴斜齿轮传动	外啮合斜齿圆柱齿轮传动	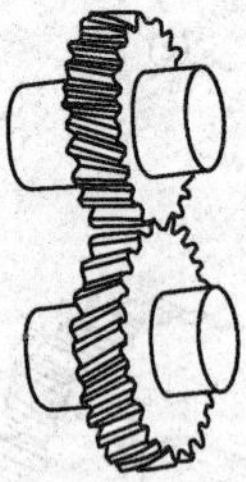	两齿轮转向相反。轮齿与轴线成一夹角，工作时存在轴向力，所需支承较复杂。 重合度较大，传动较平稳，承载能力较强。 适用于速度较高、载荷较大或要求结构较紧凑的场合
平行轴齿轮传动	人字齿轮传动	外啮合人字齿圆柱齿轮传动	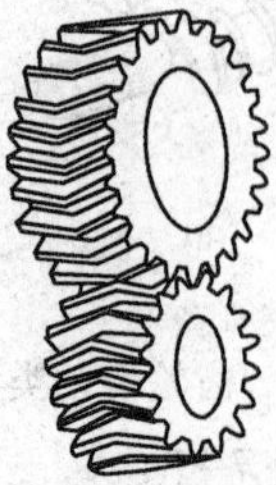	两齿轮转向相反。 承载能力高，轴向力能抵消，多用于重载传动

续上表

分类		名　称	示　意　图	特点和应用
平行轴齿轮传动	相交轴齿轮传动	直齿锥齿轮传动	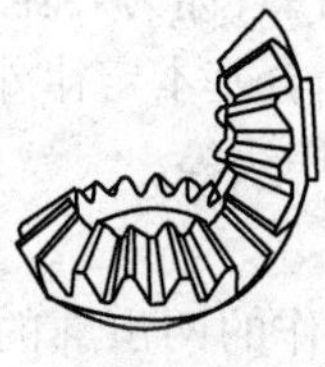	两轴线相交,轴交角为90°的应用较广。 制造和安装简便,传动平稳性较差,承载能力较低,轴向力较大。 用于速度较低($v<5$ m/s),载荷小而稳定的运转
		曲线齿锥齿轮传动		两轴线相交。 重合度大、工作平稳、承载能力高。轴向力较大且与齿轮转向有关。 用于速度较高及载荷较大的传动
	交错轴齿轮传动	交错轴斜齿轮传动 (螺旋齿轮传动)	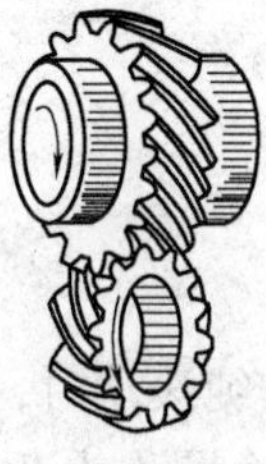	两轴线交错。 两齿轮点接触,传动效率低。 适用于载荷小、速度较低的传动
		蜗杆传动	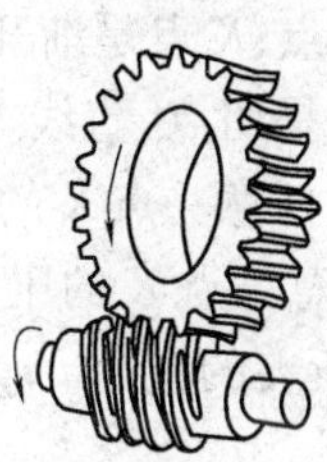	两轴线交错,一般成90°。 传动比较大,一般$i=10\sim80$。 结构紧凑,传动平稳,噪声和振动小。 传动效率低,易发热

二、齿廓啮合基本定理

1.传动比恒定的意义

齿轮传动的最基本要求之一是瞬时传动比恒定不变为常数。主动齿轮以等角速度回转时,如果从动齿轮的角速度为变量,将产生惯性力。这种惯性力会引起机器的振动和噪声,影响工作精度,还会影响齿轮的寿命。为此一般齿轮传动都要求瞬时传动比为常数。

2.齿廓啮合基本定律

为保证瞬时传动比恒定不变,即:$i_{12}=\dfrac{\omega_1}{\omega_2}=$常数,两齿轮的齿廓曲线应满足:不论两齿廓曲线在任何位置相切接触,过接触点所作的两齿廓曲线的公法线nn与两轮的连心线O_1O_2交于一定点C,如图7-2所示。这个就是齿廓啮合基本定律。ω_1、ω_2分别是两齿轮1、2的瞬时角速度。

可以证明:$i_{12}=\dfrac{\omega_1}{\omega_2}=\dfrac{O_2C}{O_1C}$,即两齿轮的瞬时角速度之比等于$O_1C$与$O_2C$的反比。其中$O_1C$

与 O_2C 是两齿轮转动中心 O_1 与 O_2 到定点 C 的距离。由于 O_1C 与 O_2C 距离不变,其比值也是常数,即传动比 i_{12} 为常数。

凡能满足齿廓啮合基本定律的一对齿廓,称为共轭齿廓。理论上可作为共轭齿廓的曲线有无穷多。但在生产实际中除满足齿廓啮合基本定律外,还要考虑到齿廓曲线制造、安装和强度等要求。常用的齿廓有渐开线、圆弧和摆线等。

3. 节点与节圆

根据齿廓啮合基本定律,过接触点所作的两齿廓的公法线都必须与两轮的连心线交于一定点,如图7-2所示的定点 C,这个定点就称为两啮合齿轮的节点。以两齿轮的转动中心 O_1、O_2 为圆心,过节点 C 所作的两个相切的圆称为该对齿轮的节圆。

以 r'_1、r'_2 分别表示两节圆半径。有:$i_{12}=\dfrac{\omega_1}{\omega_2}=\dfrac{O_2C}{O_1C}=\dfrac{r'_1}{r'_2}$。两齿轮啮合传动可视为两轮的节圆在作纯滚动。两个齿轮啮合时才会产生节点、节圆,单个齿轮没有这些概念。

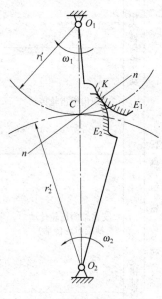

图7-2　齿廓啮合基本定律示意图

三、渐开线及其特性

1. 渐开线的形成

如图7-3所示,当直线 NK 沿一圆周作纯滚动时,直线上任意点 K 的轨迹 AK,称为该圆的渐开线。这个圆称为渐开线的基圆,其半径用 r_b 表示。A 点是渐开线的起点;K 点是渐开线上任意一点;由 K 点向基圆做切线为 NK,N 点是切点,直线 NK 称为渐开线的发生线;齿轮圆心 O 到渐开线上任意一点 K 的距离,称为渐开线 K 点的向径,用 r_k 表示;r_K 与 ON 线段所夹锐角称为渐开线任意一点 K 的压力角,用 a_K 表示,它也是渐开线任意一点 K 的速度方向 v_K 和该点受力方向 F_n 所夹的锐角。r_K 与 OA 线段的夹角称为渐开线任意一点 K 的展角,用 θ_K 表示。

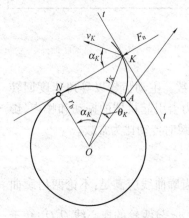

图7-3　渐开线的形成

2. 渐开线的性质

根据渐开线的形成过程,可知渐开线具有下列性质:

(1)发生线沿基圆滚过的线段长度,等于该基圆上被滚过圆弧的长度,即 $\overline{NK}=\overparen{AN}$。

(2)渐开线上任意点的法线必切于基圆。发生线 NK 是渐开线在任意点 K 的法线,发生线与基圆的切点 N 是渐开线在点 K 的曲率中心,而线段 NK 是渐开线任意一点 K 的曲率半径,$NK=\rho_K$ 有 $\rho_K=r_b\tan\alpha_K$。渐开线上越接近基圆的点,其曲率半径越小,渐开线在基圆上起点 A 的曲率半径为零。

(3)渐开线的形状取决于基圆的大小,同一基圆上的渐开线形状完全相同。如图7-4所示,在相同压力角处,基圆半径越大,其渐开线的曲率半径越大,渐开线越平直。当基圆半径趋于无穷大时,其渐开线变成直线,直线可看成是特殊的渐开线。齿条的齿廓就是变成直线的渐开线。

(4)基圆内没有渐开线。

3.渐开线方程

渐开线上任一点 K 的位置可用向径 r_K 和展角 θ_K 来表示(图7-3)。在直角三角形 ONK 中,有:

$$\cos \alpha_K = \frac{r_b}{r_K}$$

得渐开线任意一点 K 的向径公式:

$$r_K = \frac{r_b}{\cos \alpha_K}$$

该式说明渐开线上任一点 K 的向径 r_K 必对应该点渐开线压力角 α_K。

在图7-3中,弧长 $\overset{\frown}{AN} = r_b(\alpha_K + \theta_K)$,发生线上的

$\overline{NK} = r_b \tan \alpha_K$,由渐开线性质可知:$\overline{NK} = \overset{\frown}{AN}$

故渐开线极坐标 (r_K, θ_K),以压力角 α_K 为参数的极坐标方程为

$$r_K = \frac{r_b}{\cos \alpha_K} \quad \text{(向径公式)}$$

$$\theta_K = \text{inv}\alpha_K = \tan \alpha_K - \alpha_K \quad \text{(渐开线函数)}$$

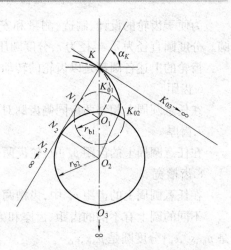

图7-4 渐开线形状与基圆大小的关系

第二节 标准渐开线直齿圆柱齿轮

渐开线直齿圆柱齿轮形状是:完全相同的 z 个轮齿均匀分布在圆柱体的圆周上,每个轮齿的两侧齿廓曲线是渐开线。两侧齿廓是在同一基圆上生成的两条相反方向的渐开线中的一段曲线。

一、齿轮各部分名称及代号

如图7-5所示为标准渐开线直齿圆柱齿轮。

1.齿顶圆

轮齿齿顶所在的圆。齿顶圆直径为 d_a,半径为 r_a,齿顶圆上的压力角为 α_a,齿顶圆上的轮齿尺寸都带有下标"a"。

2.齿根圆

轮齿齿槽底部所在的圆。齿根圆直径为 d_f,半径为 r_f,齿根圆上的压力角为 α_f,齿根圆上的轮齿尺寸都带有下标"f"。

3.任意圆

介于齿顶圆与齿根圆之间的任一个圆。任意圆直径为 d_K,半径为 r_K,任意圆上的压力角为 α_K,任意圆上的轮齿尺寸都带有下标"K"。

4.基圆

轮齿齿廓渐开线曲线的生成圆。基圆直径为 d_b,半径为 r_b,基圆上的压力角为 $\alpha_b = 0°$,基圆上的轮齿尺寸都带有下标"b"。

图7-5 齿轮各部分的符号

5.分度圆

为便于齿轮的设计、制造、测量和安装,规定某一个圆为齿轮的基准圆,称为齿轮的分度圆。分度圆直径为 d,半径为 r,分度圆压力角为 α,分度圆上的轮齿尺寸都不带下标。

齿轮的上述各圆都是以齿轮的转动中心为圆心的同心圆。

6.齿距

在任意圆周上相邻两齿同侧齿廓对应两点之间的弧长,用 p_K 表示。

7.齿厚

在任意圆周上的齿距 p_K 中,轮齿两侧齿廓的弧长,用 s_K 表示。

8.齿槽宽

在任意圆周上的齿距 p_K 中,齿槽两侧齿廓的弧长,用 e_K 表示。

不同的圆上有不同的齿距、齿厚和齿槽宽。如:齿顶圆是 p_a、s_a、e_a;齿根圆是 p_f、s_f、e_f;基圆是 p_b、s_b、e_b;分度圆是 p、s、e。

显然在齿轮的任意圆周上有:$p_K = s_K + e_K$ 并且有:$z p_K = \pi d_K$

对于分度圆也有:$p = s + e, z p = \pi d$。

二、标准渐开线直齿圆柱齿轮的基本参数

1.齿数 z

一个齿轮的轮齿个数称为齿数,用 z 表示。齿数是齿轮的基本参数之一,在齿轮设计中来选定,它将影响轮齿的几何尺寸和渐开线曲线的形状。

2.模数 m

在分度圆上的齿距 p 与 π 的比值 $m = \dfrac{p}{\pi}$ 为国家规定的标准系列值,称为齿轮的模数。

齿轮的模数是齿轮的基本参数,用符号 m 表示,单位是 mm。

由 $z p = \pi d, d = \dfrac{p}{\pi} m$,得:齿轮的分度圆的直径 $d = mz$,半径 $r = \dfrac{1}{2} mz$。

模数由齿轮承载能力计算而得到,它反映了轮齿的大小,模数越大,轮齿的尺寸越大,齿轮相应尺寸也越大,齿轮的承载能力越高。我国规定的标准模数系列见表7-2。

表 7-2　齿轮模数系列　　　　　　　　　　　　　mm

第一系列	0.1	0.12	0.15	0.2	0.25	0.3	0.4	0.5	0.6	0.8	1	1.25	1.5	2
	2.5	3	4	5	6	8	10	12	16	20	25	32	40	50
第二系列	0.35	0.7	0.9	1.75	2.25	2.75	(3.25)	3.5	(3.75)	4.5	5.5	(6.5)	7	9
	(11)	14	18	22	28	(30)	36	45						

注:优先采用第一系列,括号内的模数尽可能不用。

3.压力角 α

渐开线中的 $r_K = \dfrac{r_b}{\cos \alpha_K}$ 说明不同的向径 r_K,对应的渐开线的压力角 α_K 也不同。向径越大,其对应的压力角也越大;基圆向径 r_b 对应的压力角 $\alpha_b = 0°$;分度圆向径 r 对应的压力角为 α。规定分度圆半径 r 所对应的渐开线压力角 $\alpha = 20°$ 为标准值,称为齿轮压力角,用 α 表示。它也是齿轮的基本参数之一。

分度圆上有 $r = \dfrac{r_b}{\cos \alpha}$,得:齿轮基圆半径 $r_b = r \cos \alpha$,直径 $d_b = d \cos \alpha = mz \cos \alpha$。

4.齿顶高系数 h_a^*

分度圆到齿顶圆的径向距离称为齿轮的齿顶高,用 h_a 表示,如图 7-5 所示。

有 $h_a = h_a^* m$,其中 h_a^* 称为齿顶高系数。标准规定:正常齿 $h_a^* = 1$;短齿 $h_a^* = 0.8$。h_a^* 也是齿轮的基本参数之一。

5.顶隙系数 c^*

分度圆到齿根圆的径向距离称为齿轮的齿根高,用 h_f 表示。如图 7-5 所示。

有 $h_f = (h_a^* + c^*) m$,其中 c^* 称为顶隙系数。标准规定:正常齿 $c^* = 0.25$;短齿 $c^* = 0.3$。c^* 也是齿轮的基本参数之一。

齿根圆到齿顶圆的径向距离称为齿轮的齿高,用 h 表示。如图 7-5 所示。可看出:

$$h = h_a + h_f = (2h_a^* + c^*) m$$

由上所述:z、m、α、h_a^*、c^* 是标准渐开线齿轮尺寸计算的五个基本参数。

若齿轮的模数 m、压力角 α、齿顶高系数 h_a^*、顶隙系数 c^* 均为标准值,并且在齿轮分度圆上的齿厚与齿槽宽相等,即 $s = e$,称为标准齿轮。由于 $p = s + e = \pi m$,所以:$s = e = \dfrac{p}{2} = \dfrac{\pi m}{2}$

若模数 m、压力角 α、齿顶高系数 h_a^*、顶隙系数 c^* 均为标准值,并且在齿轮分度圆上的齿厚与齿槽宽不相等即:$s \neq e$,称为变位齿轮。

三、外啮合标准渐开线直齿圆柱齿轮尺寸计算

标准齿轮的齿廓形状是由齿轮的基本参数所决定的,已知这五个基本参数就可以计算出齿轮各部分的几何尺寸。为了使用方便,外啮合标准直齿圆柱齿轮各部分几何尺寸的计算列成表 7-3。

表 7-3 外啮合标准直齿圆柱齿轮几何尺寸计算

名 称	符 号	计 算 公 式
分度圆直径	d	$d = mz$
齿顶高	h_a	$h_a = h_a^* m$
齿根高	h_f	$h_f = (h_a^* + c^*) m$
全齿高	h	$h = h_a + h_f = (2h_a^* + c^*) m$
齿顶圆直径	d_a	$d_a = d + 2h_a = mz + 2h_a^* m$
齿根圆直径	d_f	$d_f = d - 2h_f = mz - 2(h_a^* + c^*) m$
齿距	p	$p = \pi m$
齿厚	s	$s = \dfrac{\pi m}{2}$
齿槽宽	e	$e = \dfrac{\pi m}{2}$

例 7-1 为修配一损坏的标准直齿圆柱齿轮,实测齿高为 8.98 mm,齿顶圆直径为 135.98 mm,试确定该齿轮的模数 m、分度圆直径 d、齿顶圆直径 d_a、齿根圆直径 d_f、齿距 p、齿厚 s 与齿槽宽 e。

解 由表 7-3 可知 $h = h_a + h_f = (2h_a^* + c^*) m$

设 $h_a^* = 1, c^* = 0.25$

$$m = \frac{h}{2h_a^* + c^*} = \frac{8.98}{2 \times 1 + 0.25} = 3.991 \text{ mm}$$

由表 7-2 查知 $m = 4$ mm

$$z = \frac{d_a - 2h_a^* m}{m} = \frac{135.98 - 2 \times 1 \times 4}{4} = 31.995$$

齿数应为　　　$z = 32$

分度圆直径　　$d = mz = 4 \times 32 = 128$ mm

齿顶圆直径　　$d_a = d + 2h_a = d + 2h_a^* m = 128 + 2 \times 1 \times 4 = 136$ mm

齿根圆直径　　$d_f = d - 2h_f = d - 2(h_a^* + c^*) m = 128 - 2 \times (1 + 0.25) \times 4 = 118$ mm

齿距　　　　　$p = \pi m = 3.1416 \times 4 = 12.5664$ mm

齿厚　　　　　$s = \dfrac{\pi m}{2} = \dfrac{3.1416 \times 4}{2} = 6.2832$ mm

齿槽宽　　　　$e = \dfrac{\pi m}{2} = \dfrac{3.1416 \times 4}{2} = 6.2832$ mm

四、齿　条

如图 7-6 所示,齿条可以看作齿轮的一种特殊形式。当齿轮的齿数增大到无穷大时,其圆心将位于无穷远处,渐开线齿廓也变成直线齿廓,并且齿条运动为平动。该齿轮的各个圆周都变成相互平行直线,有齿顶线、齿根线、分度线。齿条与齿轮相比有以下的不同:

（1）由于齿条上同侧齿廓平行,所以在与分度线平行的其他直线上的齿距均相等,为 $P_K = \pi m$。齿条各平行线上的齿厚、槽宽一般都不相等,标准齿条分度线上齿厚和槽宽相等,有 $e = s = \dfrac{1}{2} m\pi$,该分度线又称为齿条中线。

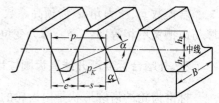

（2）齿条的齿廓渐开线也为直线,在不同高度上的压力角相等,即 $\alpha_K = \alpha = 20°$。所以齿条直线齿廓上各点的压力角相等,其大小等于齿廓倾斜角,也称齿形角,故齿形角为标准值。

图 7-6　齿条

第三节　一对渐开线齿轮的啮合

一对齿轮在啮合过程中,两轮必须能保证瞬时传动比恒定不变、保证能够相互啮合、保持连续啮合传动和具有正确的安装中心距。

一、渐开线齿廓啮合传动的特性

1.渐开线齿廓的恒传动比性

可以证明用渐开线作为齿廓曲线,满足啮合基本定理,保证传动比恒定。

如图 7-7 所示,两齿轮连心线为 O_1O_2,两轮基圆半径分别为 r_{b1}、r_{b2}。两轮的渐开线齿廓 G_1、G_2 在任意点 K 相切啮合,根据渐开线特性（2）,齿廓啮合点 K 的公法线 nn 必同时与两基圆相切,切点为 N_1、N_2,即 N_1N_2 为两基圆的一侧内公切线,它就是过相切啮合点 K 的公法线。

由于两轮的基圆为定圆,其在同一方向只有一条内公切线。因此,两齿廓在任意点 K 啮合,其公法线 N_1N_2 必为定直线,它与连心线 O_1O_2 定直线交点必为定点,则两轮的传动比为常数,即

$$i_{12} = \frac{\omega_1}{\omega_2} = \frac{O_2C}{O_1C} = \frac{r'_2}{r'_1} = 常数$$

渐开线齿廓啮合传动的这一特性称为恒传动比性。这一特性在工程实际中具有重要意义,可减少因传动比变化而引起的动载荷、振动和噪声,提高传动精度和齿轮使用寿命。

2.渐开线齿廓的可分性

在图 7-7 中，$\triangle O_1N_1C \backsim \triangle O_2N_2C$，因此两轮的传动比又可写成：

$$i_{12}=\frac{\omega_1}{\omega_2}=\frac{O_2C}{O_1C}=\frac{r'_2}{r'_1}=\frac{r_{b2}}{r_{b1}}$$

由此可知，渐开线齿轮的传动比又与两轮基圆半径成反比。渐开线加工完毕之后，其基圆的大小是不变的，所以当两轮的实际中心距与设计中心距不一致时，两齿轮节圆，半径 r'_1、r'_2 产生变化，而两轮的传动比却保持不变。这一特性称为传动的可分性。这一特性对齿轮的加工和装配是十分重要的。

3.渐开线齿廓的平稳性

由于一对渐开线齿轮的齿廓在任意啮合点处的公法线都是同一直线 N_1N_2，因此，两齿廓上所有啮合点均在 N_1N_2 上，或者说两齿廓都在 N_1N_2 上啮合。因此，线段 N_1N_2 是两齿廓啮合点的轨迹，故 N_1N_2 线又称作啮合线，N_1N_2 称为理论啮合线长度。

在齿轮传动中，啮合齿廓间的正压力方向是啮合点公法线方向，故在齿轮传动过程中，两啮合齿廓间的正压力方向始终不变。这一特性称为渐开线齿轮传动的受力平稳性。该特性对延长渐开线齿轮使用寿命有利。

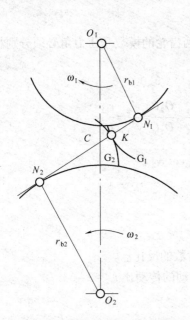

图 7-7 渐开线满足啮合基本定律

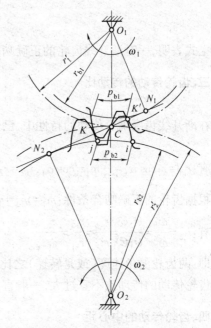

图 7-8 渐开线齿轮啮合

以渐开线为齿廓曲线的啮合齿轮，其啮合点的公法线、两齿轮基圆一侧的内公切线、两齿轮的啮合线和啮合齿廓间的正压力方向线，这四线合一的特性正是机械工程中广泛应用渐开线齿轮的重要原因。

二、一对渐开线齿轮正确啮合的条件

在渐开线中已知一对渐开线齿廓是满足啮合的基本定律并能保证定传动比传动的。但这并不意味任意两个渐开线齿轮都能相互啮合正确传动。例如：一个齿轮的齿距很小，而另一个齿轮的齿距很大，显然，这两个齿轮是无法啮合传动的。那么，一对渐开线齿轮要正确啮合传动,应该具备什么条件呢?

图 7-8 所示为一对渐开线齿轮啮合传动。它们的齿廓啮合点都在啮合线 N_1N_2 上,为了使各对齿轮能正确啮合,必须使相邻两齿的同侧齿廓在 N_1N_2 上的距离相等。称齿轮上相邻两齿同侧齿廓间的法线距离为齿轮的法距 P_n。这样两齿轮要正确地啮合,它们的法距必须相等。即:$P_{n1}=P_{n2}$

分析轮 2,按渐开线的性质可得

$$P_{n2}=KK'=\widehat{N_2i}-\widehat{N_2j}=\widehat{ji}=P_{b2}$$

同理轮 1 也可得:$P_{n1}=KK'=p_{b1}$

p_{b2}、p_{b1} 为轮 1、2 的基圆周节。

又因为:$p_b=\dfrac{\pi d_b}{z}=\dfrac{\pi d}{z}=\cos\alpha=\pi m\cos\alpha$

则:$p_{b1}=\pi m_1\cos\alpha_1$ $p_{b2}=\pi m_2\cos\alpha_2$

由上式得 $\pi m_1\cos\alpha_1=\pi m_2\cos\alpha_2$

因为模数、压力角已标准化,要满足上式必须使

$$\begin{cases}m_1=m_2=m\\ \alpha_1=\alpha_2=\alpha\end{cases}$$

上式表明,一对渐开线齿轮的正确啮合的条件是:两齿轮的模数和压力角必须分别相等。

三、齿轮传动的传动比

在渐开线齿廓啮合传动的特性中,已经得到:$i_{12}=\dfrac{\omega_1}{\omega_2}=\dfrac{O_2C}{O_1C}=\dfrac{r'_2}{r'_1}=\dfrac{r_{b2}}{r_{b1}}$

有:$r_{b1}=r_1\cos\alpha_1=\dfrac{1}{2}m_1z_1\cos\alpha_1$,$r_{b2}=r_2\cos\alpha_2=\dfrac{1}{2}m_2z_2\cos\alpha_2$

根据齿轮的正确啮合条件:$m_1=m_2=m$,$\alpha_1=\alpha_2=\alpha$

有:$i_{12}=\dfrac{\omega_1}{\omega_2}=\dfrac{O_2C}{O_1C}=\dfrac{r'_2}{r'_1}=\dfrac{r_{b2}}{r_{b1}}=\dfrac{z_2}{z_1}$

即:两齿轮的角速度(或是转速)之比等于两齿轮齿数的反比。

齿轮传动的传动比不宜过大,一般直齿圆柱齿轮传动的传动比 $i_{12}=2\sim6$。

四、齿轮传动的中心距

1.无侧隙啮合条件

在齿轮传动中,为避免或减小轮齿的冲击,应使两轮齿侧间隙为零;而为防止轮齿受力变形、发热膨胀以及其他因素引起轮齿间的挤轧现象,两轮非工作齿廓间又要留有一定的齿侧间隙。这个齿侧间隙一般很小,通常由制造公差来保证。所以在我们的实际设计中,齿轮的公称尺寸是按无侧隙计算的。

轮齿传动时,两轮节圆作纯滚动,故无侧隙啮合条件是:一个齿轮节圆上的齿厚等于另一个齿轮节圆上的齿槽宽。即:$s'_1=e'_2$ 及 $s'_2=e'_1$。

2.标准中心距

两齿轮传动中心距等于两轮各自分度圆半径之和,称为标准中心距,用 α 表示,如图 7-9

所示。按照标准中心距进行安装称标准安装,这时两个分度圆相切。有:

$$\alpha = r_1 + r_2 = \frac{m}{2}(z_1 + z_2)$$

3.啮合角与实际中心距

两齿轮啮合在节点 C 相切,过切点所做的两节圆的公切线与啮合线 N_1N_2 之间所夹的锐角,称为两齿轮的啮合角,用 α' 表示,如图 7-9 所示。在图中可看出两齿轮的节圆压力角 α'_1 和 α'_2 相等,并且等于两齿轮的啮合角 α'。即:$\alpha'_1 = \alpha'_2 = \alpha'$。

两渐开线齿轮啮合传动,安装后的中心距为实际中心距,用 α' 表示,如图 7-10 所示。在图中看到实际中心距等于两齿轮的节圆半径之和。即:$\alpha' = r'_1 + r'_2$。

由于:$r'_1 = \dfrac{r_{b1}}{\cos \alpha'_1}$,$r_1 = \dfrac{r_{b1}}{\cos \alpha_1}$,$r'_2 = \dfrac{r_{b2}}{\cos \alpha'_2}$,$r_2 = \dfrac{r_{b2}}{\cos \alpha_2}$ 而 $\alpha'_1 = \alpha'_2 = \alpha'$,$\alpha_1 = \alpha_2 = \alpha$

所以 $\alpha' = r'_1 + r'_2 = \dfrac{r_{b1}}{\cos \alpha'_1} + \dfrac{r_{b2}}{\cos \alpha'_2} = \dfrac{1}{\cos \alpha'}(r_{b1} + r_{b2}) = \dfrac{1}{\cos \alpha'_2}(r_1 \cos \alpha_1 + r_2 \cos \alpha_2) = \dfrac{\cos \alpha}{\cos \alpha'}(r_1 +$

$r_2) = \dfrac{\cos \alpha}{\cos \alpha'} a$

得:$a' \cos \alpha' = a \cos \alpha'$

4.标准中心距 a 和实际中心距 a' 的关系

(1)一对标准渐开线直齿圆柱啮合的实际中心距 a' 就应该是标准中心距 a,有:$a' = a$,得:$\alpha' = \alpha$,$r'_1 = r_1$,$r'_2 = r_2$。这样两轮的节圆与分度圆相重合,两节圆相切就是两分度圆相切。有:$s'_1 = s_1$、$e'_1 = e_1$、$s'_2 = s_2$、$e'_2 = e_2$。对于两个都是标准齿轮有:$s_1 = e_1 = \dfrac{1}{2}\pi m$、$s_2 = e_2 = \dfrac{1}{2}\pi m$。满足无侧隙啮合条件 $s'_1 = e'_2$、$s'_2 = e'_1$。所以一对渐开线标准齿轮按照标准中心距安装可以做到无侧隙啮合。

当一对齿轮啮合时,为使一个齿轮的齿顶面不与另一个齿轮的齿槽底面相干涉,轮齿的齿根高 h_f 应大于齿顶高 h_a。以保证两齿轮啮合时,一齿轮的齿顶与另一齿轮的槽底间有一定的径向间隙,称为顶隙。顶隙在齿轮的齿根圆柱面与配对齿轮的齿顶圆柱面之间的连心线上量度,用 c 表示。有:$c = c^* m$。顶隙还可以储存润滑油,有利于齿面的润滑,如图 7-9 所示。当两标准齿轮按标准中心距安装,由图 7-9 可知:

$$a = r_{a1} + c + r_{f2} = r_1 + h_a^* m + c^* m + r_2 - h_a^* m - c^* m = r_1 + r_2 = \frac{m}{2}(z_1 + z_2)$$

可以看出,一对渐开线标准齿轮按照标准中心距安装不仅能满足无齿侧间隙啮合还能同时满足顶隙要求。

两个标准齿轮由于齿轮制造误差、安装误差、运转时径向力引起轴的变形以及轴承磨损等原因,两轮的实际中心距 $a' = r'_1 + r'_2$ 往往与标准中心距 $a = r_1 + r_2$ 不一致,而是略有变动,如图 7-10 所示。这时两个齿轮的节圆仍然相切,但两齿轮的分度圆是相交或相离,节圆与分度圆不再重合。实际中心距和标准中心距,啮合角和压力角仍然满足:$a' \cos \alpha' = a \cos \alpha$。

(2)如果 $a' > a$,由上式得:$\alpha' > \alpha$;$r'_1 > r_1$、$r'_2 > r_2$。两齿轮的节圆相切,而两齿轮分度圆相离。标准齿轮啮合将产生齿侧间隙。

(3)如果 $a' < a$,由上式得:$\alpha' < \alpha$;$r'_1 < r_1$、$r'_2 < r_2$。两齿轮的节圆相切,而两齿轮分度圆相交。标准齿轮啮合由于标准中心距是最小的中心距,这种情况两标准齿轮将无法啮合。

5.齿轮与齿条啮合传动

齿轮与齿条啮合如图 7-11 所示。由分度圆上任意一点向基圆所做切线 N_{1c}，就是位置不变的啮合线，切线与分度圆交点就是节点 C。

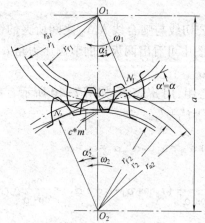

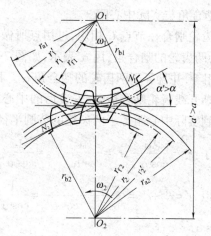

图 7-9　一对渐开线标准齿轮外啮合　　　　图 7-10　一对齿轮外啮合实际中心距

当齿轮分度圆与齿条分度线相切时称为标准安装，标准安装时，保证了标准顶隙和无侧隙啮合，同时齿轮的节圆与分度圆重合，齿条节线与分度线重合。故传动啮合角 α' 等于齿轮分度圆压力角 α，也等于齿条的齿形角。

当非标准安装时（相当于齿条的上下移动），由于齿条的齿廓是直线，齿条位置改变后其齿廓总是与原始位置平行。故啮合线 N_1N_2 的位置总是不变的，而节点 C 的位置也不变。因此齿轮节圆大小也不变，并且恒与分度圆重合，其啮合角 α' 也恒等于齿轮分度圆压力角 α，但齿条的节线与其分度线不再重合。

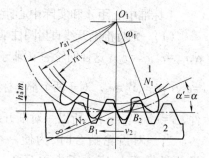

图 7-11　齿轮与齿条的啮合

五、齿轮连续传动的条件

一对满足正确啮合条件的齿轮，只能保证在传动时其各对齿轮能依次正确地啮合，但并不能说明齿轮传动是否连续。为了研究齿轮传动的连续性，我们首先必须了解两轮轮齿的啮合过程。

1. 轮齿的啮合过程

如图 7-12(a) 反映了轮齿的啮合过程。设轮 1 为主动轮，以角速度 ω_1 顺时针回转；轮 2 为从动轮，以角速度 ω_2 逆时针回转；N_1N_2 为啮合线。在两轮轮齿开始进入啮合时，先是主动轮 1 的齿根部分与从动轮 2 的齿顶部分接触，即主动轮 1 的齿根推动从动轮 2 的齿顶。而轮齿进入啮合的起点为从动轮的齿顶圆与啮合线 N_1N_2 的交点 B_2。随着啮合传动的进行，轮齿的啮合点沿啮合线 N_1N_2 移动，即主动轮轮齿上的啮合点逐渐向齿顶部分移动，而从动轮轮齿上的啮合点则逐渐向齿根部分移动。当啮合进行到主动轮的齿顶圆与啮合线 N_1N_2 的交点 B_1 时，两轮齿即将脱离接触，故 B_1 点为轮齿接触的终点。

从一对轮齿的啮合过程来看，啮合点实际走过的轨迹只是啮合线 N_1N_2 的一部分线段 B_1B_2，故把 B_1B_2 称为实际啮合线段。

2.渐开线齿轮连续传动的条件

由上述齿轮啮合的过程可以看出,一对齿轮的啮合只能推动从动轮转过一定的角度,而要使齿轮连续地进行转动,就必须在前一对轮齿尚未脱离啮合时,后一对轮齿能及时地进入啮合。显然,为此必须使 $B_1B_2 \geq p_b$,即要求实际的啮合线段 B_1B_2 大于或等于齿轮的法距 p_n(等于齿轮基圆的齿距 p_b)。

如果 $B_1B_2 = p_b$,如图 7-12(a)所示,则表明始终只有一对轮齿处于啮合状态;如果 $B_1B_2 > p_b$,如图 7-12(b)所示,则表明有时是一对轮齿啮合,有时是多于一对轮齿啮合;如果 $B_1B_2 < p_b$,如图 7-12(c)所示,则前一对轮齿在 B_1 脱离啮合时,后一对轮齿还未进入啮合,结果将使传动中断,从而引起轮齿间的冲击,影响传动的平稳性。

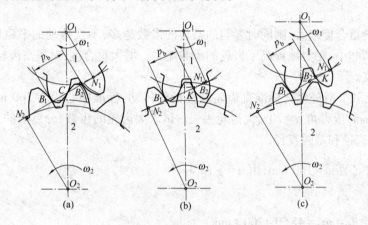

图 7-12　轮齿的啮合过程

3.齿轮的重合度

定义两齿轮的实际啮合线的长度 B_1B_2 与齿轮的基圆齿距 p_b 的比值,称为重合度(也称作端面重叠系数),用符号 ε 表示。则齿轮连续传动的条件应该是:

$$\varepsilon = \frac{B_1B_2}{p_b} \geq 1$$

为了保证齿轮的连续传动,实际工作中 ε 应满足 $\varepsilon \geq [\varepsilon]$,$[\varepsilon]$ 为许用重合度。$[\varepsilon]$ 一般可在 $1.1 \sim 1.4$ 范围内选取。

两个外啮合的渐开线齿轮的重合度 ε 是:

$$\varepsilon = \frac{1}{2\pi} [z_1(\tan \alpha_{a1} - \tan \alpha') + z_2(\tan \alpha_{a2} - \tan \alpha')]$$

式中 α'、α_{a1}、α_{a2} 分别为啮合齿轮的啮合角和两轮齿顶圆压力角。

由上式可以看出,ε 与模数无关,但随齿数 z 的增多而加大。如果假想将两轮的齿数逐渐增加,趋于无穷大时,则 ε 将趋于一极限值,

$$\varepsilon_{max} = \frac{4h_a^*}{\pi \sin 2\alpha}$$

当 $\alpha = 20°$,$h_a^* = 1.0$ 时,$\varepsilon_{max} = 1.982$。

4.齿轮重合度的意义

图 7-13 表明 $\varepsilon = 1.3$ 的意义,第一对轮齿啮合到达 C 点时($B_2C = P_b$),第二对轮齿在 B_2 进入啮合。这时两对轮齿同时啮合,第一对轮齿啮合到达 B_1 点,第二对轮齿到达 D 点

（$BD=p_b$），当第一对轮齿啮合在 B_1 点脱离啮合后，第二对轮齿由 D 点到 C 点都是一对轮齿啮合区。如果一对轮齿在法距 p_b 上的啮合时间为 100%，则 $\varepsilon=1.3$ 表明，两对轮齿的啮合时间为 30%，一对轮齿的啮合时间是 70%，并且一对轮齿啮合的区域在实际啮合线的中段。

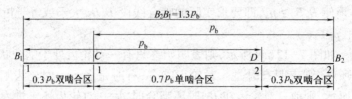

图 7-13 重合度的意义

齿轮传动的重合度越大，则同时参与的啮合的齿数越多，不仅传动的平稳性好，每对轮齿轮所分担的载荷亦小，相对地提高了齿轮的承载能力。增大重合度，对提高齿轮传动的承载能力具有重要意义。

例 7-2 已知一对外啮合标准直齿轮圆柱齿轮传动，标准中心距为 160 mm，小齿轮 $z_1=30$，模数 $m=4$ mm，压力角 $\alpha=20°$，大齿轮丢失。试求大齿轮的齿数、分度圆的直径、齿顶圆的直径、齿根圆的直径和基圆直径。

解 已知中心距 $a=160$ mm，由 $a=\dfrac{m}{2}(z_1+z_2)$

求得齿数 $z_2=50$

分度圆直径 $d_2=mz_2=4\times50=200$（mm）

齿顶圆直径 $d_{a2}=d_2+2h_a=200+2\times1\times4=208$（mm）

齿根圆直径 $d_{f2}=d_2-2h_f=200-2\times4\times(1+0.25)=190$（mm）

基圆直径 $d_{b2}=d_2\cos\alpha=200\times\cos20°=187.93$（mm）

第四节　渐开线齿轮加工与根切现象

一、渐开线齿轮的加工方法

渐开线齿轮的加工方法很多，有铸造法、热轧法、冲压法、模锻法和切齿法等。其中最常用的是切削方法，就其原理可以概括分为仿形法和范成法两大类。

（一）仿形法（成形法）

仿形法就是刀具的轴剖面刀刃形状和被切齿槽的形状相同。其刀具有盘状铣刀和指状铣刀等，如图 7-14 所示。切削时，铣刀转动，同时毛坯沿它的轴线方向移动一个行程，这样就切出一个齿槽，也就是切出相邻两齿的各一侧齿槽；然后毛坯退回原来的位置，并用分度盘将毛坯转过 $\dfrac{360°}{z}$，再继续切削第二个齿

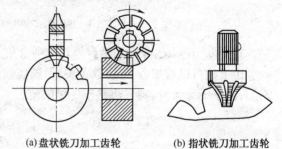

(a) 盘状铣刀加工齿轮　　(b) 指状铣刀加工齿轮

图 7-14　仿形法加工齿轮

槽，如图 7-14（a）所示。依次进行即可切削出所有轮齿。

在图 7-14（b）中，显示的是指状铣刀切削加工的情形。其加工方法与盘状铣刀加工时基

本相同。不过指状铣刀常用于加工模数较大($m>20$ mm)的齿轮,并可用于切制人字齿轮。

由于轮齿渐开线的形状取决于基圆大小,而基圆的半径 $r_b = \dfrac{mz}{2}\cos \alpha$,在 m 及 α 一定时,渐开线齿廓的形状将随齿轮齿数而变化。想切出完全准确的齿廓,则在加工 m 与 α 相同、而 z 不同的齿轮时,每一种齿数的齿轮就需要一把铣刀。显然,这在实际上是做不到的。所以,在工程上加工同样 m 与 α 的齿轮时,根据齿数不同,一般备有 8 把或 15 把一套的铣刀,来满足加工不同齿数齿轮的需要,见表 7-4。

表 7-4 刀号及其加工的齿数范围

刀 号	1	2	3	4	5	6	7	8
加工齿数范围	12~13	14~16	17~20	21~25	26~34	35~54	55~134	135 以上

每一号铣刀的齿形与其对应齿数范围中最少齿数的轮齿齿形相同。因此,用该号铣刀切削同组其他齿数的齿轮时,其齿形均有误差。

仿形法的特点是不需要专用机床,普通铣床即可加工。但生产率低、精度低,故仅适用于修配或小批量生产,或精度要求不高的齿轮。

(二)范 成 法

范成法是加工齿轮中最常用的一种方法。它是利用一对齿轮互相啮合传动时,两轮的齿廓互为包络线的原理来加工的。齿轮加工机床给刀具齿轮(或刀具齿条)和未加工的毛坯齿轮提供一种运动,这种运动相当于刀具齿轮和毛坯齿轮相互啮合的运动,即满足:$i = \dfrac{\omega_c}{\omega} = \dfrac{z}{z_c}$。$\omega_c$、$z_c$ 分别是刀具齿轮的角速度和齿数;ω、z 是毛坯齿轮的角速度和齿数。这个运动称为齿轮加工的范成运动。在范成运动中,刀具齿轮刀刃曲线族的包络线就形成毛坯齿轮的渐开线齿廓曲线。常用范成法加工齿轮的刀具有齿轮插刀、齿条插刀和齿轮滚刀。

1.齿轮插刀加工齿轮

图 7-15(a)为齿轮插刀加工齿轮,齿轮插刀的外形就像一个具有刀刃的外齿轮,当我们用一把齿数为 $z_c = 20$ 的齿轮插刀去加工一个模数 m、压力角 α 与该插刀相同,而齿数为 z 的齿轮时,将插刀和轮坯装在专用的插齿机床上,通过机床的传动系统使插刀与轮坯按恒定的传动比 $i = \dfrac{\omega_c}{\omega} = \dfrac{z}{z_c}$ 回转,并使插刀沿轮坯的齿宽方向作往复切削运动。这样,刀具的渐开线齿廓就在轮坯上包络出渐开线齿廓,如图 7-15(b)所示。当加工的毛坯齿轮的齿数变化时,只要调整机床的运动改变 ω_c 和 ω,仍然满足 $i = \dfrac{\omega_c}{\omega} = \dfrac{z}{z_c}$ 即可加工相应齿数的齿轮。所以一种模数只需一把齿轮插刀就可加工不同齿数的齿轮。

在用齿轮插刀加工齿轮时,刀具与轮坯之间的相对运动主要有:

(1)范成运动:即齿轮插刀与毛坯齿轮以恒定的传动比 $i = \dfrac{\omega_c}{\omega} = \dfrac{z}{z_c}$ 作啮合运动,就如同一对齿轮啮合一样。

(2)切削运动:即齿轮插刀沿着轮坯的齿宽方向作往复切削运动。

(3)进给运动:即为了切出轮齿的高度,在切削过程中,齿轮插刀还需要向轮坯的中心移动,直至达到规定的中心距为止。

机 械 基 础

（4）让刀运动：轮坯的径向退刀运动，以免损伤加工好的齿面。

2.齿条插刀加工齿轮

图7-16（a）为齿条插刀加工齿轮。齿条插刀加工齿轮的原理与用齿轮插刀加工相同，范成运动变为齿条与齿轮的啮合运动，毛坯齿轮的转速为 n，则齿条的移动速度为 $v = \dfrac{\pi m z n}{60 \times 1\,000}$ （m/s）。同时插刀沿轮坯轴线作上下的切削运动。这样，齿条刀具的渐开线齿廓就在毛坯齿轮上包络出渐开线齿廓，如图7-16（b）所示。

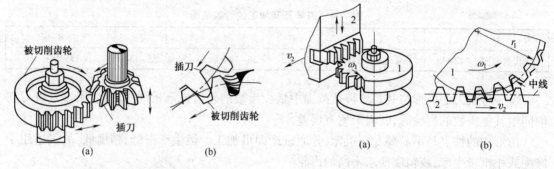

图7-15　用齿轮插刀加工齿轮　　　　　图7-16　用齿条插刀加工齿轮

由加工过程可以看出，以上两种方法其切削都不是连续的，这样就影响了生产率的提高。因此，在生产中更广泛地采用齿轮滚刀来加工齿轮。

3.齿轮滚刀加工齿轮

图7-17（b）是加工齿轮的滚刀，其形状像一个开有刀刃的螺旋，且在其轴剖面（即轮坯端面）内的形状相当于一齿条。滚刀转动时，相当于一个无穷长的齿条插刀做轴向移动，滚刀转一周，齿条移动一个导程的距离。滚刀的转动运动代替了齿条插刀的范成运动和切削运动。其加工原理与用齿条插刀加工时基本相同，如图7-17（a）所示。滚刀加工齿

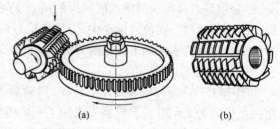

图7-17　滚刀加工齿轮

轮的范成运动是 $i = \dfrac{\omega_c}{\omega} = \dfrac{z}{z_c}$，这里的 z_c 是滚刀的头数。滚刀回转时，还需沿轮坯轴向方向缓慢进给运动，以便切削一定的齿宽。加工直齿轮时，滚刀轴线与轮坯端面之间的夹角应等于滚刀的螺旋升角 γ，以使其螺旋的切线方向与轮坯径向相同。

滚刀的回转就像齿条刀在移动，所以这种加工方法是连续的，具有很高的生产率。

二、用标准齿条型刀具加工标准齿轮

齿条插刀和齿条滚刀都属于齿条型刀具。齿条型刀具与普通齿条基本相同，仅仅是在齿顶部分高出一段 $c^* m$，以便切出齿轮的顶隙，如图7-18所示。

加工标准齿轮的条件是：刀具齿轮的分度线与轮坯齿轮的分度圆相切。这是由于刀具中线的齿厚和齿槽宽均为 $\dfrac{\pi m}{2}$，故加工出的齿轮在分度圆上 $s = e = \dfrac{\pi m}{2}$。被切齿轮的齿顶高为 $h_a^* m$，齿根高为 $(h_a^* + c^*) m$，这样便加工出所需的标准齿轮，如图7-19所示。

三、齿轮加工的根切现象

1.根切现象

用范成法加工齿轮时,有时会发现刀具的顶部切入了轮齿的根部,而把齿根切去了一部分,破坏了渐开线齿廓,如图 7-20 所示。这种现象称为根切。

根切的齿轮会削弱齿根的抗弯强度,降低传动的重合度和平稳性,破坏了轮齿渐开线齿廓的形状。所以在设计制造中应力求避免根切。

2.根切的原因

研究表明,用范成法加工标准齿轮时,刀具齿轮的齿顶线与啮合线的交点,超过了啮合线与被切齿轮基圆的切点 N_1 是产生根切现象的根本原因。

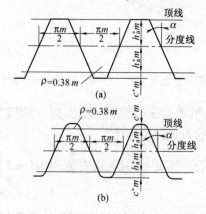

图 7-18　齿条插刀

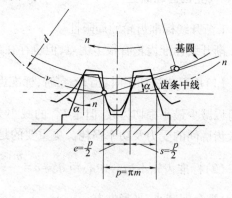

图 7-19　齿条插刀加工标准齿轮

3.渐开线标准齿轮不根切的最少齿数 $z_{\min}$

如图 7-21 所示,是用齿条插刀来加工标准齿轮,这时齿条插刀的中线与毛坯齿轮的分度圆相切。只要刀具齿顶线与啮合线的交点 B_1 不超过啮合极限点 N_1,轮齿将不发生根切。

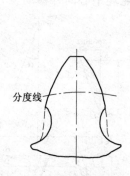

图 7-20　齿轮根切现象

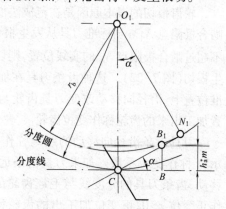

图 7-21　不产生根切的最少齿数

不根切的条件可以表示为 $CB_1 \leqslant CN_1$,而 $CB_1 = \dfrac{h_a^* m}{\sin \alpha}$　$CN_1 = r\sin \alpha = \dfrac{mz\sin \alpha}{2}$

有:$\dfrac{h_a^* m}{\sin \alpha} \leqslant \dfrac{mz\sin \alpha}{2}$

得：$z \geqslant \dfrac{2h_a^*}{\sin^2 \alpha}$

则渐开线标准齿轮不根切的最少齿数为：

$$z_{\min} = \dfrac{2h_a^*}{\sin^2 \alpha}$$

$\alpha = 20°$，$h_a^* = 1.0$ 时，$z_{\min} = 17$；$\alpha = 20°$，$h_a^* = 0.8$ 时，$z_{\min} = 14$

由上式可以看出，增大 α 或减小 h_a^* 都可以减少最小根切齿数。

第五节　渐开线变位齿轮简介

一、变位齿轮概述

1.渐开线标准齿轮的局限性

渐开线标准齿轮有很多优点，但也存在如下不足：

（1）用范成法加工时，当 $z < z_{\min}$ 时，标准齿轮将发生根切；由 $z_{\min} = \dfrac{2h_a^*}{\sin^2 \alpha}$ 知，增大 α 或减小 h_a^* 都可以减少最小根切齿数，但是 h_a^* 的减小会降低传动的重合度，影响平稳性，而 α 的增大将增大齿廓间的受力及功率损耗。更重要的是不能用标准刀具加工齿轮。

（2）标准齿轮不适合中心距 $a' \neq a = \dfrac{m(z_1 + z_2)}{2}$ 的场合。当 $a' < a$ 时无法安装；当 $a' > a$ 时，侧隙大，重合度减小，平稳性差。

（3）小齿轮渐开线齿廓曲率半径较小，齿根厚度较薄，参与啮合的次数多，故强度较低。并且齿根的滑动系数大，所以小齿轮易损坏。

为了改善和解决标准齿轮的这些不足，工程上广泛使用变位齿轮，有效地解决了这些问题。

2.变位齿轮概念

轮齿根切的根本原因是在范成法加工标准齿轮时，刀具的齿顶线与啮合线的交点超过了啮合极限点 N_1。当标准刀具从发生根切的虚线位置相对于轮坯中心向外移动至刀具齿顶线不超过啮合极限点 N_1 的实线位置，则切出的齿轮就不发生根切（图7-22）。这种齿条刀具在加工标准齿轮的基准位置上，沿径向移动改变刀具齿轮与毛坯齿轮相对位置加工出来的齿轮称作变位齿轮。

刀具齿条沿径向移动的距离称作变位量，用 xm 表示，x 称作变位系数。如果刀具齿条远离轮坯中心向外移动，齿条刀具的分度线与毛坯齿轮的分度圆相离，称作正变位 $x>0$，正变位加工出的齿轮称作正变位齿轮；刀具齿条靠近轮坯中心向里移动，齿条刀具的分度线与毛坯齿轮的分度圆相交，称作负变位 $x<0$，负变位加工出来的齿轮称作负变位齿轮。$x = 0$ 正是不变位的标准齿轮。

不论是正变位还是负变位，刀具上总有一条与分度

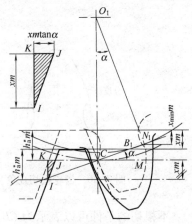

图7-22　变位齿轮最小变位
系数与分度圆齿厚

线平行的节线与齿轮的分度圆相切并保持纯滚动。

3.不根切的最小变位系数 $x_{\min}$

如图 7-22 所示,当刀具齿顶线移至点 N_1 或以下时,齿轮即不根切,故变位量应该满足 $\dfrac{h_a^* - xm}{\sin\alpha} \leqslant r\sin\alpha$,又由于 $r = \dfrac{1}{2}mz$,$z_{\min} = \dfrac{2h_a^*}{\sin^2\alpha}$,于是有:

$$x \geqslant \frac{h_a^*(z_{\min}-z)}{z_{\min}} \quad \text{则最小变位系数为}$$

$$x_{\min} = \frac{h_a^*(z_{\min}-z)}{z_{\min}}$$

当 $\alpha = 20°$,$h_a^* = 1.0$ 时,$z_{\min} = 17$;$x_{\min} = \dfrac{17-z}{17}$。

可以看出,当 $z < z_{\min}$ 时,$x_{\min} > 0$,为避免根切,必须正变位;当 $z > z_{\min}$ 时,$x_{\min} < 0$,该齿轮不会根切,但为了保证某些性能的要求,也可以用正变位或负变位方法加工齿轮。

二、变位齿轮的几何尺寸

对于模数 m、压力角 α、齿数 z、齿顶高系数 h_a^*、顶隙系数 c^* 相同的变位齿轮和标准齿轮来讲,两者的加工刀具、范成运动相同,齿轮的分度圆 d、基圆 d_b、分度圆齿距 p 不变,都属于同一基圆上产生的相同形状的渐开线,只是截取的部位不同。但两者的分度圆齿厚、齿槽宽、齿根高、齿顶高、齿顶圆直径、齿根圆直径都发生了变化。

1.齿厚和齿槽宽

加工变位齿轮时毛坯齿轮的分度圆不再与刀具齿条分度线相切,如图 7-22 所示。而是齿条刀具一条与分度线平行的节线与齿轮的分度圆相切,该节线的齿厚与齿槽宽不再相等,这样加工出来的齿轮分度圆的齿厚与齿槽宽也必然不相等。

变位齿轮的齿厚和齿槽宽为

$$s = \frac{\pi m}{2} + 2\overline{KJ} = \left(\frac{\pi}{2} + 2x\tan\alpha\right)m$$

$$e = \frac{\pi m}{2} - 2\overline{KJ} = \left(\frac{\pi}{2} - 2x\tan\alpha\right)m$$

2.齿根高 h_f

由于正变位时,刀具向外移出距离,故加工出的齿轮其齿根高减小 xm。即:

$$h_f = h_a^* m + c^* m - xm = (h_a^* + c^* - x)m$$

3.齿顶高 h_a

由于正变位时,刀具向外移出 xm 距离,故加工出的齿轮齿顶高增大 xm。考虑到保证两变位齿轮啮合时的顶隙 $c = c^* m$。需将两啮合的变位齿轮的齿顶高减少一段 σm。即:

$$h_a = h_a^* m + xm - \sigma m = (h_a^* + x - \sigma)m$$

这个 σ 称为齿顶高降低系数。变位齿轮需要利用被切毛坯齿轮的直径保证齿顶高。

4.齿顶圆和齿根圆

变位齿轮的齿顶圆和齿根圆分别为

$$d_a = d + 2h_a = mz + 2(h_a^* + x - \sigma)m$$

$$d_f = d - 2h_f = mz - 2(h_a^* + c^* - x)m$$

5. 变位齿轮几何尺寸的基本参数

m、α、h_a^*、c^*、z 、x_1、x_2 是渐开线变位齿轮尺寸计算的基本参数。

其中 x_1、x_2 是两个相互变位齿轮的变位系数。

三、变位齿轮的啮合传动

1.变位齿轮正确啮合条件

变位齿轮啮合仍是渐开线齿轮的啮合,其正确啮合条件与标准齿轮相同。即:

$$\begin{cases} m_1 = m_2 = m \\ \alpha_1 = \alpha_2 = \alpha \end{cases}$$

2.无齿侧间隙啮合方程

由无齿侧间隙啮合条件 $s_1' = e_2'$ 及 $s_2' = e_1'$,可以证明两个啮合的变位齿轮需满足方程是:

$$\text{inv } \alpha' - \text{inv } \alpha = \frac{2(x_1 + x_2)}{z_1 + z_2} \tan \alpha$$

式中　x_1、x_2——两个啮合变位齿轮的变位系数;

z_1、z_2——两个啮合变位齿轮的齿数;

α'、α——两个啮合变位齿轮的啮合角和压力角。

3. 无齿侧间隙啮合中心距

设两变位齿轮保持无齿侧间隙啮合的实际中心距为 a',标准中心距是 a。

由第三节可知: $a'\cos \alpha' = a\cos \alpha$。可以得到:

(1)当 $x_1 + x_2 = 0$ 时,$\alpha' = a$,$a' = a$。两齿轮的节圆相切,两齿轮的分度圆也相切,两齿轮的节圆与分度圆重合,$r_1' = r_1$,$r_2' = r_2$。

(2)当 $x_1 + x_2 > 0$ 时,$\alpha' > a$,$a' > a$。两齿轮的节圆相切,两齿轮的分度圆相离,两齿轮的节圆大于分度圆,$r_1' > r_1$,$r_2' > r_2$。

(3)当 $x_1 + x_2 < 0$ 时,$\alpha' < a$,$a' < a$。两齿轮的节圆相切,两齿轮的分度圆相交,两齿轮的节圆小于分度圆,$r_1' < r_1$,$r_2' < r_2$。

4.分度圆分离系数 y

当 $x_1 + x_2 \neq 0$ 时,两个相互啮合变位齿轮的分度圆相离或是相交,用 ym 表示分离的距离,y 称为分度圆分离系数。

有: $ym = a' - a = (r_1' + r_2') - (r_1 + r_2) = \frac{z_1 + z_2}{2}\left(\frac{\cos \alpha}{\cos \alpha'} - 1\right)$

并且可以证明有: $\sigma = (x_1 + x_2) - y$

四、变位齿轮的传动类型

按照一对齿轮的变位系数之和的取值情况不同,可将变位齿轮传动分为三种基本类型。

1.零传动 $x_1 + x_2 = 0$

(1)两轮的变位系数都等于零: $x_1 = x_2 = 0$。

这种齿轮传动就是标准齿轮传动。为了避免根切,两轮齿数均需大于 z_{min}。

(2)两轮的变位系数绝对值相等 $x_1 + x_2 = 0$ 但 $x_1 = -x_2 \neq 0$

这种齿轮传动称为高度变位齿轮传动。为了防止小齿轮的根切和增大小齿轮的齿厚,一一般小齿轮采用正变位 $x_1>0$，而大齿轮采用负变位 $x_2<0$。为了使大小两轮都不产生根切，两轮齿数和必须大于或等于最少齿数的 2 倍，即 $z_1+z_2 \geqslant 2z_{min}$。

在这种传动中，小齿轮正变位后的分度圆齿厚增量正好等于大齿轮分度圆齿槽宽的增量，故两轮的分度圆仍然相切，满足 $s_1 = \dfrac{\pi m}{2} + 2x_1 m \tan \alpha = e_2 = \dfrac{\pi m}{2} - 2x_2 m \tan \alpha$；$s_2 = \dfrac{\pi m}{2} + 2x_2 m \tan \alpha = e_1 = \dfrac{\pi m}{2} - 2x_1 m \tan \alpha$，做到无齿侧间隙，因此，高度变位齿轮的实际中心距 a' 仍为标准中心距 a。高度变位齿轮传动中的齿轮，其齿顶高和齿根高不同于标准齿轮。高度变位可以在不改变中心距的前提下合理协调大小齿轮的强度，有利于提高传动的工作寿命。

2.正传动 $x_1+x_2>0$

由于 $x_1+x_2>0$，所以两轮齿数和可以小于最少齿数的 2 倍，即 $z_1+z_2<2z_{min}$。正传动的实际中心距大于标准中心距，即 $a'>a$。当取 $x_1>0$，$x_2<0$ 时，小齿轮的齿厚增大，而大齿轮的齿槽宽却减小了，小轮的齿无法装进大轮的齿槽而保持分度圆相切，只有使两轮分度圆分离才能安装。由于 $a'>a$，所以 $\alpha'>\alpha$，这种变位传动又称正角度变位传动。正角度变位能够在满足无侧隙啮合条件下拼凑中心距，有利于提高齿轮传动的强度，但使重合度略有减少。

3.负传动 $x_1+x_2<0$

为了避免根切，应使两轮齿数和大于最少齿数的 2 倍，即 $z_1+z_2 \geqslant 2z_{min}$。负传动的实际中心距小于标准中心距，即 $a'<a$，因此 $\alpha'<\alpha$，负传动又称负角度变位传动。负传动能够在满足无侧隙啮合条件下拼凑中心距。但使齿轮传动强度削弱，只用于安装中心距要求小于标准中心距的场合。

变位齿轮的优点是可以切制 $z \leqslant z_{min}$ 的齿轮而不根切；可以凑配中心距；能够调整大小齿轮的齿根厚度，从而使大小齿轮的轮齿强度接近。共同缺点是互换性差。

第六节 斜齿圆柱齿轮传动

一、斜齿圆柱齿轮的齿廓形成和传动特点

1.斜齿圆柱齿轮齿廓的形成

前面研究渐开线直齿圆柱齿轮时，仅讨论了齿轮端面上的渐开线齿廓及其啮合。但是，实际上齿轮都有一定的宽度。因此，前述的基圆应该为基圆柱，发生线实际应该为切于基圆柱的发生面，发生线上的 K 点就成了直线 KK，如图 7-23（a）所示。发生面沿基圆柱纯滚动，发生面上与基圆柱轴线平行的直线 KK 所形成的轨迹，即为直齿轮齿面，它是渐开线曲面。

斜齿圆柱齿轮齿面形成的原理

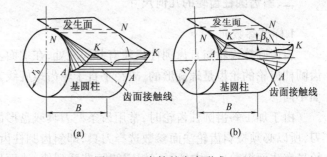

图 7-23 齿轮的齿廓形成

与直齿轮相似，所不同的是直线 KK 与轴线不平行，而有一个夹角 β_b，如图 7-23（b）所示。当发生面沿基圆柱纯滚动时，斜直线 KK 的轨迹即为斜齿圆柱齿轮齿面，它是一个渐开线螺旋面。

该曲面与任意一个以轮轴为轴线的圆柱面的交线都是螺旋线。该螺旋面与基圆柱的交线 AA 为一条螺旋线,其螺旋角为 β_b,称为基圆柱上的螺旋角。渐开线螺旋面与分度圆柱的交线也是一条螺旋线,该螺旋线的螺旋角用 β 表示,β 称为分度圆圆柱上的螺旋角,通常称为斜齿轮的螺旋角。螺旋线有左右旋向之分,所以斜齿圆柱齿轮也有左旋和右旋之分。

由斜齿轮齿面的形成原理可知,在垂直齿轮轴线的端平面上,斜齿圆柱齿轮与直齿圆柱齿轮一样具有准确的渐开线齿形。

2. 斜齿圆柱齿轮传动特点

(1)传动更加平稳

当两直齿轮啮合时,其齿面接触线是与整个齿轮轴线平行的直线,如图 7-24(a)所示。因此,直齿轮啮合时,整个齿宽同时进入和退出啮合,所以容易引起冲击、振动和噪声,从而影响传动的平稳性,不适宜于高速传动;当两斜齿轮啮合时,由于轮齿的倾斜,一端先进入啮合,另一端后进入啮合,其接触线由短变长,再由长变短,如图 7-24(b)所示,极大地降低冲击、振动和噪声,改善了传动的平稳性。相对于直齿轮而言更适合高速传动。

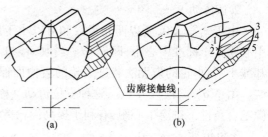

齿廓接触线

图 7-24 齿廓接触线

(2)承载能力更强

斜齿圆柱齿轮相对于直齿圆柱齿轮而言,可以增大重合度。即在啮合区,齿面上的接触线总长度比直齿圆柱齿轮的齿面接触线长,这样会降低齿面的接触应力,从而提高齿轮承载能力,减小结构尺寸。

(3)产生轴向力

斜齿圆柱齿轮与直齿圆柱齿轮相比,会多出一个沿轴线方向的轴向力 F_a,这将对齿轮的支承结构和传动效率产生影响。要消除轴向力的影响,可以采用左右对称的人字形齿轮或反向同时使用两个斜齿轮传动。

斜齿圆柱齿轮的螺旋角 β 越大,其传动特点越明显。为了不使轴向力过大,一般取: $\beta = 7° \sim 20°$。

二、斜齿圆柱齿轮的几何尺寸

1. 标准参数面

斜齿圆柱齿轮与直齿圆柱齿轮有共同之处,在端面上两者均是渐开线齿廓。但是,由于斜齿圆柱齿轮的轮齿是螺旋形的,故在垂直于轮齿螺旋线方向的法面上,齿廓曲线及齿型都与端面不同。

由于加工斜齿圆柱齿轮时,常用齿条型刀具或盘形齿轮铣刀来切齿,且刀具沿齿向方向进刀,所以必须按斜齿轮法面参数选择刀具,即斜齿圆柱齿轮的标准参数面为法面。斜齿圆柱齿轮具有法面模数 m_n,它是国家规定的标准系列值;法面压力角 $\alpha_n = 20°$ 为标准值;法面齿顶高系数 $h_{an}^* = 1$ 为标准值;法面顶隙系数 $c_m^* = 0.25$ 为标准值(法面下标为 n)。而斜齿圆柱齿轮在端面是渐开线齿廓,几何尺寸又要按端面参数计算,因此它还有端面模数 m_t;端面压力角 α_t;端面齿顶高系数 h_{at}^*;端面顶隙系数 c_t^*(端面下标为 t),这些值都不是标准值。

2. 法面参数与端面参数的换算

为了便于加工和计算必须建立斜齿圆柱齿轮法面参数与端面参数的换算关系。

（1）法面模数 m_n 与端面模数 m_t

为了便于说明问题，我们把斜齿圆柱齿轮分度圆柱面展开，成为一个矩形，如图 7-25 所示。它的宽度是斜齿轮的轮宽 B。从图上可以看出：

$$p_n = p_t \cos \beta$$

因为 $p_n = \pi m_n$ $p_t = \pi m_t$

所以 $m_t = \dfrac{m_n}{\cos \beta}$

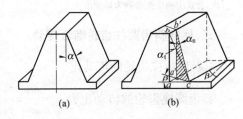

图 7-25 法面模数
与端面模数

（2）法面压力角 α_n 与端面压力角 α_t

为了便于分析 α_n 和 α_t 的关系，我们利用斜齿条来说明。因为斜齿圆柱齿轮与斜齿条正确啮合时，两者的法面压力角和端面压力角一定分别相等，它们之间的关系也相同。图 7-26（a）所示为一直齿条的情况，其上法面和端面是同一个平面，所以有：

$$\alpha_n = \alpha_t = \alpha$$

图 7-26 直齿条与斜齿条

对于斜齿条来说，因为轮齿倾斜了一个 β 角，于是就有端面与法面之分，如图 7-26（b）所示的斜齿条。由图中可以得到：

$$\tan \alpha_t = \frac{\tan \alpha_n}{\cos \beta}$$

（3）法面 h_{an}^*、c_n^* 与端面 h_{at}^*、c_t

斜齿圆柱齿轮的齿顶高和齿根高，在法面和端面上是相同的，计算方法和直齿轮相同。有：

$$h_a = h_{an}^* m_n = h_{at}^* m_t$$

$$h_f = (h_{an}^* + c_n^*) m_n = (h_{at}^* + c_t^*) m_t$$

即：$\begin{cases} h_{at}^* = h_{an}^* \cos \beta \\ c_t^* = c_n^* \cos \beta \end{cases}$

式中 h_{an}^*、c_n^* 为标准值。

（4）法面变位系数 x_n 与端面变位系数 x_t

斜齿轮的变位量在法面和端面上是一样的（径向尺寸），即：$x_n m_n = x_t m_t$

所以 $x_t = x_n \cos \beta$

3.斜齿圆柱齿轮的几何尺寸计算

如果斜齿圆柱齿轮 m_n、α_n、h_{an}^*、c_n^* 为标准值，并且在分度圆上有 $s = e = \dfrac{p}{2}$，则称为标准斜齿圆柱齿轮。

标准斜齿圆柱齿轮的基本参数是：m_n、α_n、h_{an}^*、c_n^*、z、β。

标准斜齿圆柱齿轮尺寸计算是在标准直齿圆柱齿轮尺寸计算的公式中把 m、α、h_a^*、c^* 换成 m_t、α_t、h_{at}^*、c_t^*，再利用端面和法面参数换算关系就可得到尺寸计算公式，见表 7-5。

表 7-5　外啮合标准斜齿轮尺寸计算公式

名　称	符　号	计　算　公　式
齿顶高	h_a	$h_a = h_{an}^* m_n$
齿根高	h_f	$h_f = (h_{an}^* + c_n^*) m_n$
全齿高	h	$h = h_a + h_f = (2h_{an}^* + c_n^*) m_n$
分度圆直径	d	$d = \dfrac{m_n z}{\cos \beta}$
齿顶圆直径	d_a	$d_a = d + 2h_a = \dfrac{m_n z}{\cos \beta} + 2h_{an}^* m_n$
齿根圆直径	d_f	$d_f = d - 2d_f = \dfrac{m_n z}{\cos \beta} - 2(h_{an}^* + c_n^*) m_n$
端面齿距	p_t	$p_t = \dfrac{\pi m_n}{\cos \beta}$

注:公式中的法面参数为标准值。

三、标准斜齿圆柱齿轮啮合传动

1.斜齿圆柱齿轮的传动比

斜齿圆柱齿轮的传动比为 $i_{12} = \dfrac{\omega_1}{\omega_2} = \dfrac{z_2}{z_1}$

即:两齿轮的角速度(或是转速)之比等于两齿轮齿数的反比。

齿轮传动的传动比不宜过大,一般斜齿圆柱齿轮传动的传动比 $i_{12} = 2\sim 8$。

2.斜齿圆柱齿轮正确啮合的条件

斜齿圆柱齿轮传动的正确啮合条件,除了两齿轮的模数和压力角分别相等外,它们的螺旋角必须相匹配,否则两啮合齿轮的齿向不同,不能进行啮合。因此斜齿轮传动正确啮合的条件为

$$\begin{cases} \beta_1 = \pm\beta_2 \\ m_{n1} = m_{n2} = m_n \\ \alpha_{n1} = \alpha_{n2} = \alpha_n \end{cases}$$

β 前的"+"用于内啮合(表示旋向相同);"−"号用于外啮合(表示旋向相同)。

3.斜齿圆柱齿轮标准中心距 a

标准斜齿圆柱齿轮啮合传动保持两个分度圆相切,其中心距为标准中心距 a。

$$a = \frac{d_1 + d_2}{2} = \frac{m_n(z_1 + z_2)}{2\cos \beta}$$

由该式可以看出,设计斜齿轮传动时,可用螺旋角 β 改变来调整中心距的大小,以满足对中心距的要求。

4.斜齿圆柱齿轮的重合度

直齿圆柱齿轮与斜齿圆柱齿轮的重合度进行对比分析,如图 7-27 所示。

直线 B_2B_2、B_1B_1 分别表示轮齿进入啮合过程和退出啮合的位置,啮合区的长度为 L。

对于直齿轮传动,沿整个齿宽 B 同时进入啮合,同时退出啮合,重合度仍为:$\varepsilon = \dfrac{\overline{B_1B_2}}{p_{bt}} = \dfrac{L}{p_{bt}}$。

对于斜齿轮传动,轮齿前端 B_2 先进入啮合,待整个轮齿全部退出啮合,啮合区增长了 $\Delta L = B\tan\beta_b$ 一段。由于轮齿倾斜而增加的重合度用 ε_β 表示,即:

$$\varepsilon_\beta = \frac{\Delta L}{p_{bt}} = \frac{B\sin \beta}{\pi m_n}$$

所以斜齿轮的总重合度为

$$\varepsilon_r = \varepsilon + \varepsilon_\beta$$

式中 ε_r——斜齿轮总重合度;

ε_β——轴向重合度。

5.斜齿圆柱齿轮的当量齿数

用仿形法切制斜齿轮时,选择齿轮铣刀时,刀具的模数和压力角应等于斜齿圆柱齿轮法面模数和压力角。铣刀的刀号需由齿数来确定,应找出一个与斜齿圆柱齿轮法面齿型相当的直齿圆柱齿轮,该虚拟的直齿圆柱齿轮称为斜齿圆柱齿轮的当量齿轮,当量齿轮的齿数称为当量齿数,用 z_v 表示。可以证明:

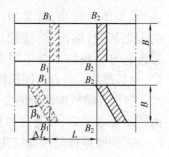

图7-27 斜齿圆柱
齿轮重合度

$$z_v = \frac{z}{\cos^3 \beta}$$

斜齿圆柱齿轮用当量齿数来选取齿轮铣刀的刀号;计算斜齿轮的强度;确定斜齿轮不根切的最少齿数:$z_{min} = 17\cos^3 \beta$;确定斜齿圆柱齿轮的变位系数 x_n。

第七节 直齿圆锥齿轮传动

一、圆锥齿轮概述

圆锥齿轮机构主要用来传递两相交轴之间的运动和动力,如图7-28所示。由于圆锥齿轮的轮齿分布在圆锥面上,所以齿形从大端到小端逐渐缩小。一对圆锥齿轮传动时,两个节圆锥作纯滚动。与圆柱齿轮相似,圆柱齿轮中的各有关"圆柱",在这里都变成了"圆锥",圆锥齿轮相应的有基圆锥、分度圆锥、齿顶圆锥、齿根圆锥。

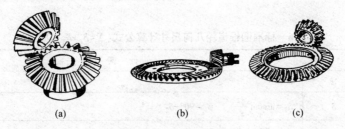

(a)   (b)   (c)

图7-28 圆锥齿轮传动

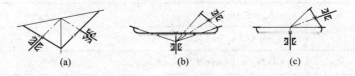

(a)   (b)   (c)

图7-29 圆锥齿轮啮合方式

圆锥齿轮按两轮啮合的形式不同,可分别为外啮合、内啮合及平面啮合三种,如图7-29所示。

圆锥齿轮的轮齿有直齿[图7-28(a)]、斜齿[图7-28(b)]及曲齿(圆弧齿)等多种形式。由于直齿圆锥齿轮的设计、制造和安装均较简便,故应用最为广泛。曲齿圆锥齿轮由于传动平

机械基础

稳、承载能力较高,故常用于高速重载
的传动场合,如汽车、拖拉机中的差速
器齿轮等。我们本节主要介绍用途最
广、也是最基本的直齿圆锥齿轮。

圆锥齿轮机构两轴的交角 $\Sigma = \delta_1 + \delta_2$
由传动要求确定,可为任意值。$\Sigma = \delta_1 +$
$\delta_2 = 90°$的圆锥齿轮传动应用最广泛,如
图 7-30 所示。

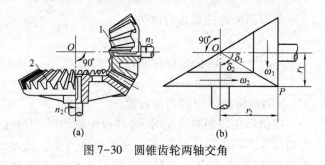

图 7-30　圆锥齿轮两轴交角

二、直齿圆锥齿轮传动的参数及几何尺寸

现多采用等顶隙圆锥齿轮传动形式,即两轮顶隙从轮齿大端到小端都是相等的,如图 7-31 所示。

直齿圆锥齿轮因为大端尺寸大,
便于计算和测量,所以直齿圆锥齿轮
几何尺寸和基本参数均以大端为标
准。其基本参数有模数 m 符合国家
标准系列值;压力角 α;齿顶高系数
h_a^*;顶隙系数 c^*;齿数 z;分度圆锥角
δ。直齿圆锥齿轮正常齿制 $\alpha = 20°$、
$h_a^* = 1$、$c^* = 0.2$。

标准直齿圆锥齿轮机构的几何尺
寸,如图 7-31 所示。其计算公式见表
7-6。

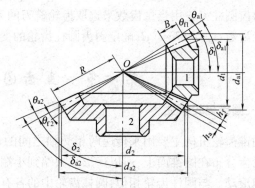

图 7-31　圆锥齿轮几何尺寸

表 7-6　标准圆锥齿轮几何尺寸计算公式($\Sigma = \delta_1 + \delta_2 = 90°$)

名　　称	符　号	计　算　公　式
分度圆直径	d	$d = mz$
分度圆锥角	δ	$\delta_2 = \arctan \dfrac{z_2}{z_1}$　　　　$\delta_1 = 90° - \delta_2$
锥距	R	$R = \dfrac{mz}{2 \sin \delta} = \dfrac{m}{2} \sqrt{z_1^2 + z_2^2}$
齿顶高	h_a	$h_a = h_a^* m$
齿根高	h_f	$h_f = (h_a^* + c^*) m$
全齿高	h	$h = h_a + h_f = (2 h_a^* + c^*) m$
齿顶圆直径	d_a	$d_a = d + 2 h_a \cos \delta = mz + 2 h_a^* m \cos \delta$
齿顶圆锥角	δ_a	$\delta_a = \delta + \theta_a = \delta + \arctan \dfrac{h_a^* m}{R}$
齿根圆直径	d_f	$d_f = d - 2 h_f \cos \delta = mz - 2 (h_a^* + c^*) m \cos \delta$
齿根圆锥角	δ_f	$\delta_f = \delta - \theta_f = \delta - \arctan \dfrac{(h_a^* + c^*) m}{R}$
齿宽	B	$b \leqslant \dfrac{R}{3}$

三、直齿圆锥齿轮传动

1.正确啮合的条件

一对圆锥齿轮的啮合传动相当于一对当量圆柱齿轮的啮合传动,故其正确啮合的条件为:两圆锥齿轮大端的模数和压力角分别相等。

即:
$$\begin{cases} m_1 = m_2 = m \\ \alpha_1 = \alpha_2 = \alpha \end{cases}$$

2.传动比

如图 7-31 所示,有:$r_1 = R\sin\delta_1$, $r_2 = R\sin\delta_2$

圆锥齿轮传动的传动比为:$i_{12} = \dfrac{\omega_1}{\omega_2} = \dfrac{r_2}{r_1} = \dfrac{z_2}{z_1} = \dfrac{\sin\delta_2}{\sin\delta_1}$

当两轴的交角 $\Sigma = \delta_1 + \delta_2 = 90°$时,有:$i_{12} = \tan\delta_2$ 也可得:$\delta_2 = \arctan\dfrac{z_2}{z_1}$

直齿圆锥齿轮传动的传动比 $i_{12} = 3\sim5$。

第八节 齿轮失效形式、材料与齿轮的结构

一、齿轮的失效形式

齿轮失效主要是指齿轮轮齿的破坏,诸如轮齿折断、齿面损坏等现象,而使齿轮过早地失去正常工作能力的情况。研究齿轮失效可以正确选用材料和进行强度分析。齿轮失效的主要现象是轮齿折断、齿面磨损、齿面点蚀、齿面胶合及齿面塑性变形等。

1.轮齿折断

轮齿就好像一个悬臂梁,在受外载作用时,在其轮齿根部产生的弯曲应力最大,所以轮齿折断一般发生在齿根部位。折断有两种:一种是轮齿在载荷反复作用下,齿根产生脉动循环或对称循环应力弯曲应力,同时齿根部位过渡尺寸发生急剧变化产生应力集中,当弯曲应力超过弯曲疲劳极限时,轮齿根部的原始微小裂纹经过扩展蔓延造成轮齿折断,如图 7-32 所示。这种折断称为弯曲疲劳折断。另一种在短期过载或受到过大的冲击载荷时,齿根应力如果超过材料强度极限,也会发生过载折断。

折断面

轮齿的折断都是其弯曲应力超过了材料相应的极限应力,是最危险的一种失效形式。一旦发生断齿,传动立即失效。根据这种失效形式确定的设计准则及计算方法即为轮齿齿根弯曲疲劳强度计算。

防止弯曲疲劳折断的方法是:提高材料抵抗弯曲疲劳的能力,从材料本身、热处理和强化处理等方面入手,保证轮齿弯曲疲劳强度;加大齿根圆角以缓和应力集中;增大模数以加大齿根厚度。为防止过载折断,禁止超载并避免过大的冲击载荷等。

图 7-32 齿根疲劳断裂

2.齿面点蚀

齿轮传动时,两齿面为线接触,由于在齿面啮合处脉动循环变接触应力长期作用下,当应

力峰值超过材料的接触疲劳极限,经过一定应力循环次数后,轮齿表面产生细微的疲劳裂纹。由于交变应力的继续作用和润滑油进入裂纹被挤压使裂纹扩展,从而导致齿面小块金属局部剥落,形成麻点,这种现象称为齿面点蚀或疲劳点蚀。

齿面点蚀影响轮齿正常啮合,引起冲击和噪声,造成传动的不平稳,齿面点蚀是润滑良好的软齿面闭式传动的主要失效形式。点蚀一般出现在齿根靠近节线的表面(图7-33)。根据这种失效形式确定的设计准则及计算方法即为齿面接触疲劳强度计算。

防止齿面点蚀的方法是:限制齿面的接触应力;提高齿面硬度,降低齿面的表面粗糙度,增加润滑油的黏度,加大齿轮厚度,表面强化处理,改用疲劳极限高的材料等方法。

3.齿面磨损

齿面磨损通常有两种情况:一种是由于灰尘、金属微粒等进入齿面间或因润滑油不洁,新齿轮跑合后未予清洗,使用含有金属屑或其他硬质微粒的润滑油而产生的磨损,称为磨粒磨损。另一种是由于齿面间相对滑动摩擦引起的磨损。一般情况下这两种磨损往往同时发生并相互促进。

严重的磨损使齿廓失去正确的渐开线形状,齿侧间隙增大引起传动的冲击、振动,磨损使齿厚变薄,进而产生轮齿折断。在开式传动中,齿面磨损将是主要的失效形式,如图7-34所示。

图7-33　齿面点蚀

图7-34　齿面磨损

防止齿面磨损的方法有:采用闭式传动、保持良好清洁的润滑,提高齿面硬度,降低表面粗糙度,选择合适的材料组合等。而对于开式传动为防止过快磨损及引起的轮齿折断,可选用耐磨的材料或加大模数以增加齿厚。

4.齿面胶合

高速重载传动时,啮合区载荷集中,温升快,油膜稀释破裂,因而易引起润滑失效;低速重载时,齿面间油膜不易形成,均可致使两齿面金属直接接触而相互熔黏到一起,随着运动的继续而使软齿面上的金属被撕下,在轮齿工作表面上形成与滑动方向一致的沟纹,这种现象称为齿面胶合,如图7-35所示。

齿面胶合破坏了正常齿廓,导致传动失效。

防止齿面的胶合方法有:限制齿面温度,采用良好的润滑方式,选用黏度大或有抗胶合添加剂的润滑油;形成良好的润滑条件;提高齿面硬度增加抗胶合能力;降低齿面的表面粗糙度。

图7-35　齿面胶合

5.齿面塑性变形

低速重载传动时,若轮齿齿面硬度较低,当齿面间作用力过大,啮合中的齿面表层材料就会沿着摩擦力方向产生塑性流动,这种现象称为塑性变形。在起动和过载频繁的传动中,容易产生齿面塑性变形,如图7-36所示。

齿面塑性变形破坏了正确齿形,使啮合不平稳,噪声和振动加大。

防止齿面塑性变形的方法有:提高齿面硬度和采用黏度较高的润滑油。

上述的齿面失效形式的示意图可见图7-37所示。

图7-36 齿面塑性变形

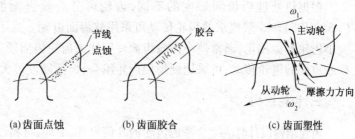

(a)齿面点蚀　　　　(b)齿面胶合　　　　(c)齿面塑性

图7-37 齿面失效形式

二、齿轮常用材料

为了保证齿轮工作的可靠性,提高其使用寿命,齿轮的材料及其热处理应根据工作条件和材料的特点来选取。

1.齿轮材料基本要求

对齿轮材料的基本要求是:应使齿面具有足够的硬度和耐磨性,以获得较高的抗点蚀、抗磨损、抗胶合和抗塑性变形的能力;齿芯具有足够的韧性,以获得较高的抗弯曲和抗冲击载荷的能力;同时应具有良好的加工工艺性和热处理工艺性能,以达到齿轮的各种技术要求。

2.齿轮材料的选择

常用的齿轮材料为各种牌号的优质碳素结构钢、合金结构钢、铸钢、铸铁和非金属材料等。一般多采用锻件或轧制钢材。

当齿轮结构尺寸较大,轮坯不易锻造时,可采用铸钢。

开式低速传动时,可采用灰铸铁或球墨铸铁。

低速重载的齿轮易产生齿面塑性变形,轮齿也易折断,宜选用综合性能较好的钢材。

高速齿轮易产生齿面点蚀,宜选用齿面硬度高的材料。

受冲击载荷的齿轮,宜选用韧性好的材料。

对高速、轻载而又要求低噪声的齿轮传动,也可采用非金属材料,如夹布胶木、尼龙等。

3.齿轮的热处理

钢制齿轮的热处理方法主要有以下几种:

表面淬火常用于中碳钢和中碳合金钢,如45、40Cr钢等。表面淬火后,齿面硬度一般为40~55HRC。特点是抗疲劳点蚀、抗胶合能力高;耐磨性好;由于齿心部分未淬硬,齿轮仍有足够的韧性,能承受不大的冲击载荷。

渗碳淬火常用于低碳钢和低碳合金钢,如20、20Cr钢等。渗碳淬火后齿面硬度可达56~62HRC,而齿轮心部仍保持较高的韧性,轮齿的抗弯强度和齿面接触强度高,耐磨性较好,用于受冲击载荷的重要齿轮传动。齿轮经渗碳淬火后,轮齿变形较大,应进行磨削加工。

渗氮是一种表面化学热处理。渗氮后不需要进行其他热处理,齿面硬度可达700~900HV。由于渗氮处理后的齿轮硬度高,工艺温度低,变形小,故适用于内齿轮和难以磨削的齿轮,常用于含铅、钼、铝等合金元素的渗氮钢,如38Cr MoAl等。

调质一般用于中碳钢和中碳合金钢,如45、40Cr、35Si Mn钢等。调质处理后齿面硬度一般为 220~280HBS。因硬度不高,轮齿精加工可在热处理后进行。

正火能消除内应力,细化晶粒,改善力学性能和切削性能。机械强度要求不高的齿轮可采用中碳钢正火处理,大直径的齿轮可采用铸钢正火处理。

根据热处理后齿面硬度的不同,齿轮可分为软齿面齿轮(≤350HBS)和硬齿面齿轮(>350HBS)。一般要求的齿轮传动可采用软齿面齿轮。为了减小胶合的可能性,并使配对的大小齿轮寿命相当,通常使小齿轮齿面硬度比大齿轮齿面硬度高出 30~50HBS。对于高速、重载或重要的齿轮传动,可采用硬齿面齿轮组合,齿面硬度可大致相同。

三、齿轮结构

齿轮结构设计时应综合考虑齿轮的几何尺寸、毛坯、材料、加工方法、使用要求及经济性等因素。通常先按齿轮的直径大小,选定合适的结构形式,然后再根据荐用的经验数据,进行结构设计。

1.齿轮轴

对于直径很小的钢制齿轮,若圆柱齿轮齿根到键槽底部的距离 $e<2m_t$(m_t 为端面模数);或锥齿轮,按齿轮小端尺寸计算而得的 $e<1.6$ m(图 7-38)均应将齿轮和轴做成一体,叫做齿轮轴(图 7-39)。若 e 值超过上述尺寸时,齿轮与轴以分开制造为合理。

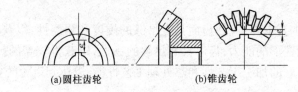

(a)圆柱齿轮　　　　　　　(b)锥齿轮

图 7-38　齿根圆至键槽的距离

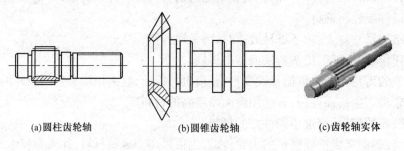

(a)圆柱齿轮轴　　　　　(b)圆锥齿轮轴　　　　　(c)齿轮轴实体

图 7-39　齿轮轴

2.实心式齿轮

齿顶圆直径 $d_a \le 200$ mm 时的钢制齿轮,一般常采用锻造毛坯的实心式结构,如图 7-40 所示。

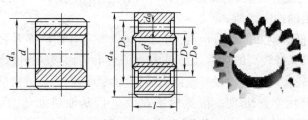

图 7-40　实心式齿轮

3.辐板式齿轮

齿顶圆直径 $d_a \le 500$ mm 时,为减轻重量和节约材料,常制成辐板式结构。辐板式齿轮一般采用锻造毛坯,其结构参见图7-41。

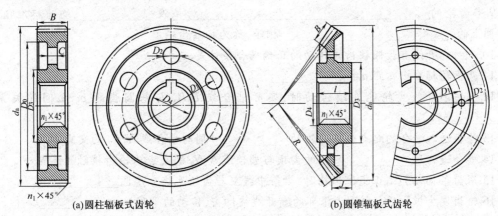

(a)圆柱辐板式齿轮　　　　　　　　　　(b)圆锥辐板式齿轮

图 7-41　辐板式齿轮

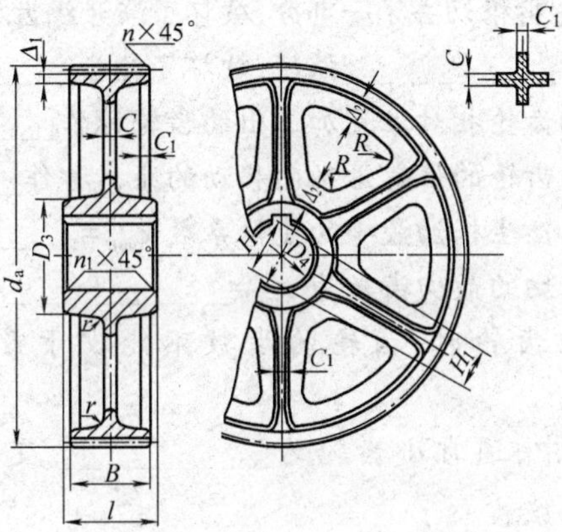

图 7-42　轮辐式齿轮

4.轮辐式齿轮

当齿顶圆直径 d_a=400~1 000 mm 时,因受锻造设备的限制,往往采用铸造的轮辐式结构,其结构参见图 7-42。

一、填空题

1.齿轮传动是靠两齿轮轮齿依次相互_____传递转矩和功率的。

2.在任意圆周上_____同侧齿廓对应两点之间的弧长称为齿距。

3.齿顶圆与分度圆之间的径向距离,称为_____,用_____表示。

4.渐开线任意点向径 r_K =_____。

5.分度圆半径 r 所对应的渐开线压力角 α=_____为标准值称为齿轮压力角。

6.直齿圆柱齿轮基圆直径 d_b =_____。

7.在分度圆上规定 m =_____为国家制定的标准系列值,称为齿轮的模数。

8.标准渐开线齿轮的五个基本参数是_____。

9.若齿轮的_____、_____、_____及_____均为标准值,且分度圆上的_____与_____相等,称为标准齿轮。

10.一对渐开线直齿圆柱齿轮传动的正确啮合条件是_____。

11.两齿轮标准中心距 $a=$_____。

12.一对渐开线齿轮能连续传动时,实际啮合线 B_1B_2 与基圆齿距 p_b 之间的关系应是_____。

13.轮齿进入啮合的起点为从动轮的_____圆与啮合线 N_1N_2 的交点 B_2。

14.啮合进行到_____轮的齿顶与啮合线 N_1N_2 的交点为轮齿接触的终点。

15.用齿条插刀加工正变位齿轮时,齿条中线应与齿轮毛坯分度圆_____。

16.轮齿发生根切后,由于齿根部的渐开线被切去,传动的平稳性_____。

17.用范成法加工标准直齿圆柱齿轮不发生根切的最少齿数为_____。

18.用范成法加工齿轮时,齿根切去了一部分,破坏了渐开线齿廓,称为_____现象。

19.齿轮根切会降低齿根_____强度,破坏了轮齿_____齿廓的形状。

20.改变刀具齿轮与毛坯齿轮相对位置加工出的齿轮称作_____齿轮。

21.刀具齿条由加工标准齿轮的位置沿径向移动的距离称作_____量。

22.用范成法加工齿轮不产生根切最小的变位系数 $x_{min}=$_____。

23.渐开线标准齿轮不根切的最少齿数为 $z_{min}=$_____。

24.用范成法加工标准齿轮时,齿轮的齿数不能少于最少齿数 min,否则将发生_____现象。

25.高度变位齿轮传动中,通常小齿轮为_____变位,大齿轮为_____变位。

26.渐开线螺旋面与分度圆柱所产生的螺旋角称为斜齿轮的_____角。

27.齿轮的五种失效形式是:_____折断、齿面点蚀、齿面_____、齿面_____及齿面_____变形。

28.斜齿圆柱齿轮的分度圆直径为 $d=$_____。

29.斜齿圆柱齿轮传动的标准中心距 $a=$_____。

30.直齿圆锥齿轮传动的传动比 $i=$_____。

31.外啮合斜齿圆柱齿轮传动正确啮合条件是_____、_____、_____。

二、判 断 题

1.齿轮传动结构紧凑,工作可靠,但效率低。　　　　　　　　　　　　（　）
2.一对齿轮啮合时才有节点和节圆,单个齿轮不存在节点和节圆。　　（　）
3.渐开线上任一点的法线必切于基圆。　　　　　　　　　　　　　　（　）
4.渐开线的形状取决于基圆的大小。　　　　　　　　　　　　　　　（　）
5.渐开线齿轮分度圆上的齿距 p 与 π 的比值称为模数。　　　　　　（　）
6.在任意圆周上的齿距 p_K 中,轮齿两侧齿廓的弧长称为齿槽宽。　（　）
7.齿条直线齿廓上各点的压力角相等。　　　　　　　　　　　　　　（　）
8.齿条上与分度线平行的其他直线上的齿距均相等。　　　　　　　　（　）

9.两齿轮正确安装时的中心距为标准中心距,其值为两齿轮分度圆半径之和。（　　）

10.齿轮连续啮合的条件是前一对轮齿未脱离啮合,后一对轮齿能进入啮合。（　　）

11.一对渐开线齿轮能连续传动时,实际啮合线 B_1B_2 应大于或等于基圆齿距 p_b。（　　）

12.用范成法加工齿轮时,以一把刀可以加工出的任意齿数的齿轮,并能正确啮合。（　　）

13. 轮齿根切后,齿根部的渐开线被切去,传动的平稳性较差。（　　）

14.切制标准渐开线齿轮不发生根切的最少齿数为 17。（　　）

15.齿轮加工的范成运动相当于刀具齿轮和毛坯齿轮相互啮合的运动。（　　）

16.加工标准齿轮时,刀具的中线与轮坯分度圆相切。（　　）

17.加工出变位齿轮分度圆的齿厚与齿槽宽必然不相等。（　　）

18. m、α、h_a^*、c^*、z、x_1、x_2 是渐开线直齿圆柱变位齿轮的基本参数。（　　）

19.范成法加工齿轮时,用同一把刀具切制相同模数的渐开线标准齿轮和变位齿轮。（　　）

20.斜齿圆柱齿轮传动的标准中心距 $a=r_1+r_2=\dfrac{m}{2}(z_1+z_2)$。（　　）

21.圆柱齿轮的螺旋角 β 越大,其传动特点越明显。（　　）

22.斜齿圆柱齿轮正确啮合的条件是: $m_{n1}=m_{n2}=m_n$、$\alpha_{n1}=\alpha_{n2}=\alpha_n$。（　　）

23.标准斜齿圆柱齿轮的基本参数是: m_n、α_n、h_{an}^*、c_n^*、z。（　　）

三、选 择 题

1.用于两轴平行的齿轮传动有＿＿＿＿＿＿

　　A.圆柱齿轮传动　　　B.圆锥齿轮传动　　　C.螺旋齿轮传动

2.两齿轮轴线相交用＿＿＿＿＿＿。

　　A.直齿锥齿轮传动　　B.斜齿圆柱齿轮　　　C.螺旋齿轮传动

3.齿轮传动的优点是＿＿＿＿＿＿。

　　A. 能保证瞬时传动比恒定不变　　B.传动效率低　　C.传动噪声大

4.齿轮传动的缺点是＿＿＿＿＿＿。

　　A.传动效率高　　　　B. 成本较高　　　　C.不宜于远距离传动

5.齿轮传动中,以两齿轮中心为圆心,过节点 C 所作的两个圆称为＿＿＿＿＿＿。

　　A.分度圆　　B.节圆　　C.基圆

6.齿轮轮齿齿顶所在的圆称为＿＿＿＿＿＿。

　　A.齿顶圆　　B.齿根圆　　C.基圆

7.齿轮的齿根圆直径是＿＿＿＿＿＿。

　　A.d_a　　　　B.d_f　　　　C.d_b

8.标准齿轮的齿厚 s 与齿槽宽 e 的关系是＿＿＿＿＿＿。

　　A.$s=e$　　　　B. $s>e$　　　C.$s<e$

9.分度圆到齿顶圆的径向距离称为齿轮的＿＿＿＿＿＿。

　　A.齿顶高　　B. 齿根高　　C.齿全高

10.标准直齿圆柱齿轮的齿根高是＿＿＿＿＿＿。

　　A.$h_f=h_a^*m$　　B.$h_f=(h_a^*+c^*)m$　　C.$h=2(h_a^*+c^*)m$

11.正变位齿轮的齿厚 s 与齿槽宽 e 的关系是＿＿＿＿＿＿。

A.$s=e$ B.$s>e$ C.$s<e$

12.一对渐开线直齿圆柱齿轮的正确啮合条件是_____。

A.$m_1=m_2=m$,$\alpha_1=\alpha_2=\alpha$ B.$\varepsilon_\alpha\geqslant1$ C.$i=$常数

13.两标准齿轮正确安装时的中心距为标准中心距,其值为_____。

A.$a=r_{d1}+r_{d2}$ B.$a=r_1+r_2$ C.$a=r_{f1}+r_{f2}$

14.一对渐开线齿轮能连续传动时,实际啮合线 B_1B_2 与基圆齿距 p_b 之间的关系是_____。

A.$B_1B_2\geqslant p_b$ B. $B_1B_2=p_b$ C.$B_1B_2<p_b$

15.用范成法加工正变位齿轮时,齿条中线应与齿轮毛坯分度圆_____。

A.相离   B.相切   C.相交

16.正常齿制渐开线标准直齿圆柱齿轮不发生根切的最少齿数为_____。

A.14   B. 17   C. 20

17.当加工齿轮的齿数 $z<z_{min}$ 时,应采用_____避免根切现象。

A.正变位齿轮 B.负变位齿轮   C.标准齿轮

18.用同一把齿条刀切制的相同齿数的标准齿轮和变位齿轮,其中_____不相同。

A.模数   B.分度圆直径   C.齿根高

19.用同一把齿条刀切制的相同齿数的标准齿轮和变位齿轮,其中_____不相同。

A.模数   B.压力角   C.分度圆齿厚

20.一对齿轮传动的实际中心距小于标准中心距时,可用_____传动。

A.正传动变位齿轮   B.负传动变位齿轮   C.高度变位齿轮

21.一对标准齿轮的实际中心距大于标准中心距时,两分度圆_____。

A.相切   B.相交   C.相离

22.齿条刀具的分度线与毛坯齿轮的分度圆相离,称作_____。

A.正变位   B. 负变位   C. 不变位

23.两齿轮的节圆相切,两齿轮的分度圆相切,并有 $\alpha'=\alpha$,$\alpha'=\alpha$,则_____。

A.$x_1+x_2=0$ B.$x_1+x_2>0$ C.$x_1+x_2<0$

24.两齿轮的节圆相切,两齿轮的分度圆相离,则_____。

A.$\alpha'>\alpha$,$\alpha'>\alpha$ B.$r'_1<r_1,r'_2<r_2$ C.$x_1+x_2<0$

25.两齿轮满足 $x_1+x_2<0$,则_____。

A.$r'_1>r_1,r'_2>r_2$ B.$r'_1=r_1,r'_2=r_2$ C.$r'_1<r_1,r'_2<r_2$

26.两齿轮变位后是分度圆齿厚增量正好等于大齿轮分度圆齿槽宽的增量,则_____。

A.$x_1+x_2>0$ B.$x_1+x_2=0$ C.$x_1+x_2<0$

27.斜齿圆柱齿轮的标准参数为_____。

A.法面   B.端面   C.轴面

28.斜齿圆柱齿轮传动的特点是_____。

A.传动更加平稳   B.承载能力变小   C. 不产生轴向力

29.斜齿圆柱齿轮的中心距为_____。

A.$a=\dfrac{m(z_1+z_2)}{2}$ B.$a=\dfrac{m_n(z_1+z_2)}{2}$ C. $a=\dfrac{m_n(z_1+z_2)}{2\cos\beta}$

30.圆锥齿轮传动中,两轴线交角一般为_____。

A.60°　　B. 90°　　C. 120°

四、计 算 题

1.有一标准直齿圆柱齿轮,已知齿顶圆直径 $d_a = 135$ mm,齿数 $z = 25$ 。求:齿轮模数 m、分度圆直径 d 、齿根圆直径 d_f、基圆直径 d_b、齿顶圆压力角 α_a。

2.两个标准直齿圆柱齿轮,已测得齿数 $z_1 = 22$、$z_2 = 98$,小齿轮齿顶圆直径 $d_{a1} = 240$ mm,大齿轮全齿高 $h = 22.5$ mm,试判断这两个齿轮能否正确啮合传动?

3.有一对正常齿制渐开线标准直齿圆柱齿轮,它们的齿数为 $z_1 = 19$、$z_2 = 81$,模数 $m = 5$ mm。若将其安装成 $a' = 250$ mm 的齿轮传动,问能否实现无侧隙啮合?为什么?此时的径向间隙 C 是多少?

4.已知一对外啮合标准直齿圆柱齿轮,其齿数 $z_1 = 21$、$z_2 = 66$,模数 $m = 3.5$ mm。试确定这对齿轮的传动比、分度圆直径、齿顶圆直径、全齿高、中心距、分度圆齿厚和分度圆齿槽宽。

5.一对标准直齿圆柱齿轮传动。已知小齿轮的齿数 $z_1 = 24$,齿顶圆直径 $d_a = 130$ mm,两齿轮传动的标准中心距 $a = 225$ mm。试计算这对齿轮的传动比和大齿轮的模数 m、齿数 z、分度圆直径 d_2、齿顶圆直径 d_{a2}、齿根圆直径 d_{f2}、齿顶高 h_a、齿顶高 d_f、全齿高 h、齿距 p、齿厚 s 和齿槽宽 e。

6.某标准直齿圆柱齿轮,已知齿距 $p = 12.566$ mm,齿数 $z = 25$。求该齿轮的分度圆直径、齿顶圆直径、齿根圆直径、基圆直径、齿高以及齿厚。

7.已知一对渐开线直齿圆柱齿轮外啮标准中心距 $a = 180$ mm,齿轮传动比 $i = 2$,模数 $m = 4$ mm。求两齿轮的齿数 z_1、z_2;两齿轮各自的分度圆、齿顶圆、齿根圆和基圆直径。

第八章
蜗 杆 传 动

蜗杆传动是一种应用广泛的机械传动形式。几乎成了一般低速转动工作台和连续分度机构的唯一传动形式。蜗杆传动具有传递空间交错轴之间的运动、大的传动比、机构结构紧凑等特点。广泛应用于冶金工业压轧机、煤矿设备各种类型绞车、采煤机组牵引传动、起重运输业中各种提升设备、电梯、自动扶梯及无轨电车等的传动。在精密仪器设备,军工、宇宙观测中蜗杆传动常用作分度机构、操纵机构、计算机构、测距机构等。

第一节　蜗杆传动概述

一、蜗杆传动组成

蜗杆传动(图 8-1)由蜗杆 1、蜗轮 2 和机架组成。蜗杆与蜗轮组成平面高副;蜗杆、蜗轮与机架组成转动副。蜗杆用以传递空间两交错垂直轴之间的运动和动力,通常轴间交角为 90°。一般情况下,蜗杆是主动件,蜗轮是从动件。

二、蜗杆传动类型

蜗杆传动按照蜗杆的形状不同,可分为圆柱蜗杆传动〔图 8-2(a)〕和环面蜗杆传动〔图 8-2(b)〕。圆柱蜗杆传动除与图 8-2(a)相同的普通蜗杆传动,还有圆弧齿蜗杆传动〔图 8-2(c)〕。在圆柱蜗杆传动中,按蜗杆螺旋面的形状又可分为阿基米得蜗杆传动、渐开线蜗杆传动、法向直廓圆柱蜗杆传动、锥面包络圆柱蜗杆传动和圆弧圆柱蜗杆传动,最常用的是阿基米德蜗杆传动。圆柱蜗杆机构加工方便,环面蜗杆机构承载能力较强。

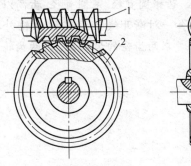

图 8-1　蜗杆传动

三、蜗杆传动的特点

蜗杆传动与齿轮传动相比,具有以下优点:
(1)传动比大。一般动力机构中 $i=8\sim80$;在分度机构中可达 $600\sim1\ 000$。
(2)蜗杆零件数目少,结构紧凑。
(3)传动平稳,噪声小。蜗杆传动类似于螺旋传动,传动平稳,噪声小。
(4)一般具有自锁性。即只能由蜗杆带动蜗轮,不能由蜗轮带动蜗杆,故可用在升降机构中,起安全保护作用。
其缺点是:

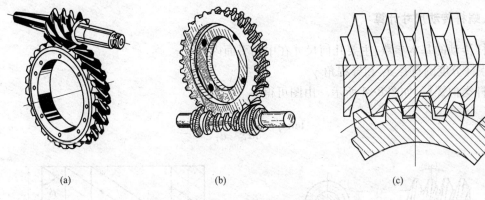

(a)   (b)   (c)

图 8-2 蜗杆传动类型

（1）传动效率低。蜗杆传动由于齿面间相对滑动速度大,齿面摩擦严重,故在制造精度和传动比相同的条件下,蜗杆传动的效率比齿轮传动低,一般只有 0.7~0.8。具有自锁功能的蜗杆机构,效率则一般不大于 0.5。

（2）制造成本高。为了降低摩擦,减小磨损,提高齿面抗胶合能力,蜗轮齿圈常用贵重的青铜制造,成本较高。连续工作时,要求有良好的润滑和散热。

蜗杆传动适用于传动比大,而传递功率不大（一般小于 50 kW）且作间歇运转的设备中,广泛应用在汽车、起重运输机械和仪器仪表中。

第二节 蜗杆传动的基本参数和尺寸计算

在垂直于蜗杆轴线的剖面上,齿廓曲线为阿基米德螺旋线称为阿基米德蜗杆。以阿基米德蜗杆传动为例介绍蜗杆传动啮合、主要参数和尺寸计算。

一、蜗杆传动正确啮合条件

阿基米德蜗杆如图 8-3 所示。蜗杆的外形像螺纹,有蜗杆头数为 z_1、蜗杆分度圆直径 d_1、分度圆柱面上的螺旋线的导程角为 γ（相当于螺纹升角 λ）。在中间平面内（通过蜗杆轴线并与蜗轮轴线垂直的平面）,蜗杆就是直线齿廓的齿条,有蜗杆的轴面模数 m_a 为标准系列值（见表 8-1）,轴面压力角 $\alpha_a = 20°$,蜗杆的轴向齿距（相当于螺纹的螺距）$p_a = \pi m_a$。

蜗轮的外形像斜齿轮,齿顶圆柱内凹以便与蜗杆相啮合,如图 8-3 所示。有蜗轮齿数 z_2,蜗轮分度圆直径 d_2,分度圆柱面上的螺旋角为 β,在中间平面内的齿廓就是渐开线形状的齿轮,有蜗轮的端面模数 m_t 为标准系列值（见表 8-1）,端面压力角 $\alpha_t = 20°$。

在中间平面内蜗杆蜗轮啮合就相当于直线齿廓的齿条和渐开线齿廓的齿轮相啮合。蜗杆的转动相当于连续不断的齿条移动带动蜗轮转动。

圆柱蜗杆传动的正确啮合条件为:

在中间平面内,蜗杆的轴向模数 m_a 和蜗轮的端面模数 m_t 相等;蜗杆的轴面压力角 α_a 和蜗轮的端面压力角 α_t 相等;蜗杆的分度圆柱面导程角 γ 和蜗轮分度圆柱面螺旋角 β 相等,且旋向一致,即

$$\begin{cases} m_a = m_t = m \\ \alpha_a = \alpha_t = \alpha \\ \gamma = \beta \end{cases}$$

二、蜗杆传动尺寸计算

蜗杆传动的基本参数、主要几何尺寸在中间平面内确定。

1.蜗杆分度圆直径 d_1 和导程角 γ

蜗杆类似螺杆,如图 8-4 所示。由图可得

$$\tan \gamma = \frac{z_1 P_a}{\pi d_1} = \frac{z_1 m}{d_1}$$

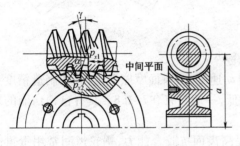

图 8-3 蜗杆传动的中间平面

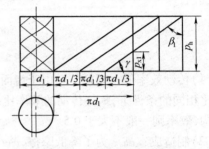

图 8-4 蜗杆的螺旋线

通常蜗轮的轮齿是用蜗轮滚刀切制,滚刀的分度圆直径与蜗杆的分度圆直径相同。即每个蜗杆直径必然对应一把加工蜗轮的滚刀。由上式可知,蜗杆分度圆直径 $d_1 = \dfrac{mz_1}{\tan \gamma}$,不仅与模数有关,而且还随 $z_1/\tan \gamma$ 的比值而改变。这样就需要无数多的刀具,为了减少滚刀的型号,便于刀具标准化,国标规定了蜗杆分度圆直径 d_1 为标准系列值。即每个标准模数下面有四个蜗杆的标准直径值,见表 8-1。

表 8-1　普通圆柱蜗杆传动的 m 与 d_1 搭配值

m(mm)	d_1(mm)	z_1	$m^2 d_1$(mm³)	m(mm)	d_1(mm)	z_1	$m^2 d_1$(mm³)
2	18	1,2,4	72	5	63	1,2,4	1 575
	22.4	1,2,4	96		90	1	2 250
	28	1,2,4	112	6.3	50	1,2,4	1 984
	35.5	1	142		63	1,2,4,6	2 500
2.5	20	1,2,4	125		80	1,2,4	3 175
	25	1,2,4,6	156		112	1	4 445
	31.5	1,2,4	197	8	63	1,2,4	4 032
	45	1	281		80	1,2,4,6	5 120
3.15	25	1,2,4	248		100	1,2,4	6 400
	31.5	1,2,4,6	313		140	1	8 986
	40	1,2,4	396	10	71	1,2,4	7 100
	56	1	556		90	1,2,4,6	9 000
4	31.5	1,2,4	504		112	1	11 200
	40	1,2,4,6	640		160	1	16 000
	50	1,2,4	800	12.5	90	1,2,4	14 062
	71	1	1 136		112	1,2,4	17 500
5	40	1,2,4	1 000		140	1,2,4	21 875
	50	1,2,4,6	1 250		200	1	31 250

2.蜗杆头数 z_1、蜗轮齿数 z_2

蜗杆头数 z_1 常取为 1、2、4、6。要求传动效率高时,取 $z_1 \geq 2$;当传动比大时,取 $z_1 = 1$,见表 8-2。

蜗轮的齿数 $z_2 = iz_1$,z_2 过少时产生根切现象,一般取 $z_2 = 25 \sim 80$。

蜗杆传动的传动比 i 为

$$i = \frac{n_1}{n_2} = \frac{z_2}{z_1}$$

式中　n_1、n_2——分别为蜗杆和蜗轮转速。

表 8-2　蜗杆头数和传动比的荐用值

i	29~80	15~31	8~15	5
z_1	1	2	4	6

3.蜗杆传动尺寸计算

蜗杆传动的基本参数有:m、α、$h_a^* = 1$、$c^* = 0.2$、z_1、z_2、d_1。蜗杆、蜗轮的各种尺寸计算见表 8-3。

表 8-3　蜗杆传动尺寸计算

名　称	符号	计 算 公 式	
		蜗　杆	蜗　轮
分度圆直径	d	d_1	$d_2 = mz_2$
齿顶高	h_a	$h_a = h_a^* m$	$h_a = h_a^* m$
齿根高	h_f	$h_f = (h_a^* + c^*) m$	$h_f = (h_a^* + c^*) m$
全齿高	h	$h = h_a + h_f = (2h_a^* + c^*) m$	$h = h_a + h_f = (2h_a^* + c^*) m$
齿顶圆直径	d_a	$d_{a1} = d_1 + 2h_a = d_1 + 2h_a^* m$	$d_{a2} = d_2 + 2h_a = mz_2 + 2h_a^* m$
齿根圆直径	d_f	$d_{f1} = d_1 - 2h_f = d_1 - 2(h_a^* + c^*) m$	$d_{f2} = d_2 - 2h_f = mz_2 - 2(h_a^* + c^*) m$
导程角	γ	$\tan \gamma = \dfrac{z_1 m}{d_1}$	$\gamma = \beta$(蜗轮螺旋角)
中心距	α	$\alpha = \dfrac{1}{2}(d_1 + d_2) = \dfrac{1}{2}(d_1 + mz_2)$	

三、蜗轮转动方向判别

蜗杆蜗轮的旋向判别也像螺旋方向和斜齿轮方向一样,用左手和右手判别。蜗杆传动时蜗轮的转动方向不仅与蜗杆转动方向有关,而且与其螺旋方向有关。蜗轮转动方向的判定方法如下:蜗杆右旋时用右手,左旋时用左手,四指指向蜗杆转动方向,蜗轮的转动方向与伸直的大拇指指向相反,如图 8-5 所示。

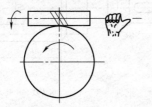　　　　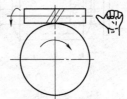

(a) 蜗杆右旋蜗轮转向　　　　　(b) 蜗杆左旋蜗轮转向

图 8-5　蜗轮转向的判别

第三节 蜗杆传动的失效形式、材料和结构

一、蜗杆传动的失效形式

在蜗杆传动中,由于材料和结构上的原因,蜗杆螺旋部分的强度总是高于蜗轮轮齿强度,所以失效常发生在蜗轮轮齿上。蜗杆传动中,两轮齿面间的相对滑动速度 $v_s = v_1/\cos\gamma$ 较大,传动效率低。摩擦产生的热量大,若散热不及时,油温升高、黏度下降,油膜破裂,易发生胶合。闭式蜗杆传动主要失效形式是胶合和点蚀。开式蜗杆传动蜗轮齿面遭受严重磨损而使轮齿变薄,从而导致轮齿的折断,主要失效是齿面磨损。

二、蜗杆传动的材料选择

根据蜗杆传动的失效形式和相对滑动速度大的特点,要求蜗杆副的配对材料,不仅要有足够的强度,更重要的是具有良好的减摩性、耐磨性和抗胶合能力。因此较重要传动常采用淬硬磨削钢制蜗杆与青铜蜗轮齿圈配对。

1.蜗杆材料

对高速重载的蜗杆传动,蜗杆材料常用低碳合金钢(如 20Cr、20CrMnTi 等),渗碳淬火磨削,表面硬度达 58~63HRC。对中速中载的传动,蜗杆材料可用 45 号钢或 40Cr 等,表面淬火磨削,表面硬度为 45~55HRC。对一般速度不高,不重要的蜗杆可采用 45 号钢等作调质处理,硬度不超过 270HBS。

2.蜗轮材料

相对滑动速度较高($v_s \leqslant 25$ m/s)的重要传动,蜗轮齿圈可采用铸造锡铜 ZCuSn10Pb1,这种材料的减磨性、耐磨性和抗胶合性都很好,但价格较贵;相对滑动速度 $v_s \leqslant 12$ m/s 可采用含锡量低的锡锌铅青铜 ZCuSn5Pb5Zn5 作蜗轮齿圈;相对滑动速度 $v_s \leqslant 8$ m/s 的传动采用铝铁青铜 ZCuAl19Fe3 作蜗轮齿圈,这种材料强度较高,铸造性能好、耐冲击、价格便宜,但抗胶合性能比锡青铜差;对 $v_s \leqslant 2$ m/s 的传动,蜗轮可用灰铸铁 HT150、HT200 等。

三、蜗杆蜗轮的结构

1.蜗杆的结构

蜗杆的有齿部分与轴的直径相差不大,常与轴制成一体,称为蜗杆轴(图 8-6)。当轴径 $d_1 = d_{f1} - (2\sim4)$ mm 时,蜗杆铣制成图 8-6(a)形状;当轴径 $d > d_{f1}$ 时,蜗杆铣制成图 8-6(b)形状。

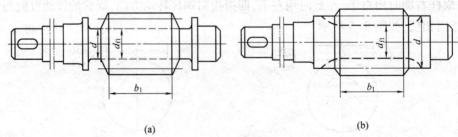

(a)　　　　　　　　　　　　　(b)

图 8-6　蜗杆结构

2.蜗轮的结构

直径小于 100 mm 的青铜蜗轮和任意直径的铸铁蜗轮可制成整体式;直径较小时可用实体或腹板式结构,直径较大时可采用腹板加筋的结构。

（1）镶铸式

青铜轮缘镶铸在铸铁轮心上,并在轮心上预制出榫槽,以防滑动,如图 8-7(a)所示。此结构适用大批生产。

（2）齿圈压配式

青铜齿圈紧套在铸铁轮心,常采用 H7/S6 配合,为防止轮缘滑动,加台肩和螺钉固定,如图 8-7(b)所示。螺钉数 6~12 个。

（3）螺栓连接式

如图 8-7(c)所示为铰制孔螺栓连接,配合为 H7/m6,螺栓数目按剪切计算确定,并以轮缘受挤压校核,轮材料许用挤压应力为 $0.3\sigma_s$（σ_s 为轮缘材料屈服强度）。这种结构应用较多。

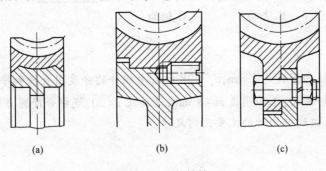

(a)   (b)   (c)

图 8-7　蜗轮结构

习　题

一、填空题

1.蜗杆传动是由＿＿＿＿＿＿、＿＿＿＿＿＿和＿＿＿＿＿＿组成的。

2.蜗杆传动用于传递两轴＿＿＿＿＿＿之间的运动和动力。

3.蜗杆传动两轴交错角一般为＿＿＿＿＿＿。

4.在中间平面上蜗杆为＿＿＿＿＿＿齿廓,蜗轮为＿＿＿＿＿＿齿廓,蜗杆蜗轮的啮合相当于＿＿＿＿＿＿的啮合。

5.蜗杆传动 z_1 表示＿＿＿＿＿＿,z_2 表示＿＿＿＿＿＿。

6.蜗杆传动中,蜗杆＿＿＿＿＿＿面的模数和压力角,应等于蜗轮＿＿＿＿＿＿面的模数和压力角。

7.蜗杆传动的标准中心距 a＝＿＿＿＿＿＿。

二、判断题

1.蜗杆传动的传动比 $i = n_1/n_2 = d_2/d_1$。　　　　　　　　　　（　　）

2.蜗杆的标准参数面为端面。　　　　　　　　　　　　　　　　（　　）

3.蜗轮分度圆直径 $d_2 = mz_2$。　　　　　　　　　　　　　　　（　　）

4.蜗杆的分度圆直径 $d_1 = mz_1$。 （　　）

5.蜗杆传动机构是用蜗轮带动蜗杆传递运动和动力的。 （　　）

三、选择题

1.蜗杆分度圆的直径 d_1 是_____。

    A.mz_1　　　　　　B.mz_2　　　　　　C.标准值

2.蜗杆的标准模数是_____。

    A.端面模数　　　　B.法向模数　　　　C.轴向模数

3.蜗杆传动中 z_1 应取_____

    A.$z_1 = 1 \sim 4$　　　B.$z_1 \geqslant 17$　　　C.$z_1 = 20 \sim 40$

4.蜗杆传动中,蜗杆轴面的模数和压力角,应等于蜗轮_____的模数和压力角。

    A 端面　　　　　　B.法面　　　　　　C.轴面

四、计算题

1.双头蜗杆的轴向模数是 2 mm, $d_{a1} = 28$ mm,求蜗杆的分度圆直径和导程角。

2.标准圆柱蜗杆传动,已知模数 $m = 8$ mm,传动比 $i = 20$,蜗杆分度圆直径 $d_1 = 80$ mm,蜗杆头数 $z_1 = 2$。试计算该蜗杆传动的主要几何尺寸。

第九章

轮 系

在机械传动中,为了实现大变速、多种转速、变向传动及运动的合成与分解,常采用一系列相互啮合的齿轮传动。这种由一系列圆柱齿轮、圆锥齿轮、螺旋齿轮、蜗轮蜗杆等组成的传动系统称为轮系。轮系可分为定轴轮系和行星轮系两种。

在轮系中所有齿轮的轴线都具有固定位置的轮系称为定轴轮系,如图9-1所示;在轮系中至少有一个齿轮的轴线绕另一齿轮的轴线做转动的轮系称为行星轮系,如图9-2所示。

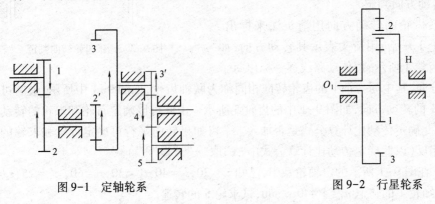

图9-1　定轴轮系　　　　　　　　图9-2　行星轮系

第一节　定轴轮系传动比的计算

一、定轴轮系传动比计算公式

设定轴轮系主动首轮为J,从动末轮为K。则主动J齿轮的转速n_J(r/min)与从动K齿轮转速n_K(r/min)之比称为传动比i_{JK},传动比i_{JK}计算公式是:

$$i_{JK} = \frac{n_J}{n_K} = \pm 从 J 到 K 所有齿轮对从动轮齿数与主动轮齿数之比的连乘积$$

二、定轴轮系传动比计算公式说明

1.齿轮对

在由主动齿轮J到从动齿轮K的传动路线中,需经过的一系列相互啮合的齿轮,每两个相互啮合的齿轮称为一个齿轮对。沿着由J到K传动路线的方向,每个齿轮对的两个齿轮都可分成主动齿轮(先运动的齿轮)和从动齿轮(后运动的齿轮)。

2.公式中的"±"意义

(1)当首轮J的轴线与末轮K的轴线平行时

"±"号表示首轮J与末轮K转动方向。如果首末两轮的转向相同,则取"+"号;如果首末两轮的转向相反,则取"–"号。

(2)当首轮 J 的轴线与末轮 K 的轴线不平行时

则不能用"±"号表示首轮 J 与末轮 K 转动方向。计算时不再加"±",只计算传动比的大小。

3.齿轮对转动方向的确定

(1)圆柱齿轮:外啮合圆柱齿轮转向相反,箭头方向相反,如图 9-1 中的齿轮 1 和齿轮 2;内啮合圆柱齿轮转向相同,箭头方向相同,如图 9-1 中的齿轮 2′和齿轮 3;齿轮与齿条的方向确定是在齿轮和齿条啮合点处齿轮的转向就是齿条移动的方向。

(2)圆锥齿轮:两圆锥齿轮转动方向指向或背离啮合点,如图 9-3 所示。

(3)蜗轮与蜗杆:蜗杆和蜗轮的转动方向用左右手判定,即:蜗杆右旋时用右手,左旋时用左手,四指指向蜗杆转动方向,蜗轮的转动方向与伸直的大拇指指向相反,如图 8-5 所示。

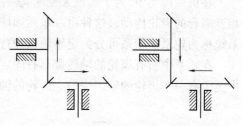

图 9-3　圆锥齿轮转向判定

4.轮系转动方向判定

定轴轮系齿轮的转动方向用箭头法来标出。它是由主动轮 J 开始,用箭头表示其转动方向,如图 9-1 中的齿轮 1 所示;按传动路线逐一标出每个齿轮的转动方向,其中同一轴上的齿轮转向相同称为联轴齿轮,如图 9-1 中所示;最后可以标出从动末轮 K 的转动方向,如图 9-1 中的齿轮 5 所示。由此可以确定首轮和末轮的转动方向是否平行(以此确定传动比计算公式是否加入"±");如果转向平行可确定首轮和末轮的转向是否相同或相反(以此确定传动比计算公式中"±"取"+"或取"–")。

例 9-1　在图 9-1 所示的定轴轮系中,已知 $z_1 = 20, z_2 = 40, z_2' = 30, z_3 = 60, z_3' = 25, z_4 = 30, z_5 = 50$。若已知轮 1 的转速 $n_1 = 1\,440$ r/min,试求轮 5 的转速。

解　此定轴齿轮系各轮轴线相互平行,齿轮 1 是主动轮,齿轮 5 是从动轮。各轮的转动方向箭头标出如图 9-1 所示,齿轮 1 与齿轮 5 的转向相反,计算公式中应取"–"。

$$i_{15} = \frac{n_1}{n_5} = -\frac{z_2}{z_1} \cdot \frac{z_3}{z_2'} \cdot \frac{z_4}{z_3'} \cdot \frac{z_5}{z_4} = -\frac{40 \times 60 \times 30 \times 50}{20 \times 30 \times 25 \times 30} = -8$$

$$n_5 = \frac{n_1}{i_{15}} = \frac{1\,440}{-8} = -180 \text{ r/min}$$

负号表示轮 1 和轮 5 的转向相反。

例 9-2　在图 9-4 所示定轴轮系,已知 $z_1 = 16, z_2 = 32, z_2' = 20, z_3 = 40, z_3' = 2, z_4 = 40, n_1 = 800$ r/min,试求蜗轮的转速及各轮的转向。

解　此定轴齿轮系各轮的转动方向箭头标出如图 9-4 所示。齿轮 1 与齿轮 5 的轴线不相互平行,只能计算大小。其传动比为

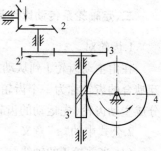

$$i_{14} = \frac{n_1}{n_4} = \frac{z_2 z_3 z_4}{z_1 z_2' z_3'} = \frac{32 \times 40 \times 40}{16 \times 20 \times 2} = 80$$

$$n_4 = \frac{n_1}{i_{14}} = \frac{800}{80} = 10 \text{ r/min}$$

图 9-4　定轴轮系计算题

第二节 行星轮系传动比的计算

图 9-2 所示的就是典型的行星轮系,由太阳轮 1、3、行星轮 2、行星架 H 和机架组成。行星架支承着行星轮,它就是行星轮的轴线。行星轮系中太阳轮和行星架的轴线重合,行星架绕太阳轮的共同轴线做转动,行星轮随行星架一起绕太阳轮轴线做公转,同时又与中心轮相互啮合做自转。

行星轮系与定轴轮系的根本区别在于行星轮系中有行星轮,行星轮的轴线绕太阳轮轴线转动不固定,因此计算行星轮系传动比时,就不能直接应用定轴轮系的计算公式进行计算。

如图 9-5 所示的行星轮系各齿轮和行星架 H 的转速分别为 n_1、n_2、n_3、n_H,在整个行星齿轮系上加上一个与行星架转速大小相等、方向相反的公共转速($-n_H$),这时行星架不再转动,行星轮不再作公转,各轮都绕着各自的轴心线转动,整个轮系转换成了定轴轮系。这种经过转化变成的定轴轮系称为原行星轮系的转化轮系。

各构件转化后,转速发生了变化,见表 9-1,转化轮系中各构件的转速分别为 n_1^H、n_2^H、n_3^H、n_H^H(上角标 H 表示各构件转速是相对行星架 H 的相对转速)。

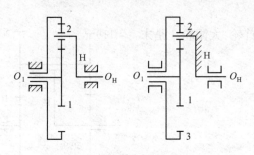

图 9-5 行星轮系及转化轮系

表 9-1 行星轮系转化前后的转速

构 件	行星轮系各构件转速	转化轮系各构件转速
太阳轮 1	n_1	$n_1^H = n_1 - n_H$
行星轮 2	n_2	$n_2^H = n_2 - n_H$
太阳轮 3	n_3	$n_3^H = n_3 - n_H$
行星架 H	n_H	$n_H^H = n_H - n_H = 0$

转化轮系是定轴轮系,就可应用定轴轮系传动比的方法,计算其中任意两个齿轮的传动比。设转化轮系的定轴轮系主动首轮转速为 n_J,从动末轮转速为 n_K。则传动比 i_{JK}^H 计算公式是:

$$i_{JK}^H = \frac{n_J^H}{n_K^H} = \frac{n_J - n_H}{n_K - n_H} = \pm \text{从 J 到 K 所有齿轮对从动轮齿数与主动轮齿数之比的连乘积}$$

使用公式时须注意以下几点:

(1)公式中 J 轮为主动首轮,K 为从动末轮。并且要求首轮 J 与末轮 K 的轴线平行。转化轮系各齿轮对的主动齿轮和从动齿轮由首轮到末轮的传动路线顺序来判定。

(2)公式中的"±"号,表示转化轮系中两齿轮的转化轮系的转动方向,不表示齿轮的实际方向。如果首末两轮用箭头法表示的转向相同,则取"+"号;如果首末两轮用箭头法表示的转向相反,则取"-"号。

(3)公式中的 n_J、n_K、n_H 按原行星轮系的真实方向代入,假设顺时针方向取"+",则逆时针方向取"-"。

(4)公式中 n_J、n_K、n_H 三个量,只要给定任意两转速就能确定第三个转速;若给定其中一个转速,则能算出其余两个转速的传动比。

例 9-3　如图 9-2 所示的行星轮系中,已知 $z_1 = 17, z_3 = 85, n_1 = 300$ r/min(顺时针转动)。求当 $n_3 = 0$ 和 $n_3 = 120$ r/min(逆时针转动)时,行星架的转速 n_H。

解　行星轮系的转化轮系中,太阳轮 1 是首轮,太阳轮 3 是末轮,两轮转动方向相反,传动比的计算公式是:

$$\frac{n_1 - n_H}{n_3 - n_H} = -\frac{z_2}{z_1} \cdot \frac{z_3}{z_2}$$

设行星轮系中顺时针转动为正,逆时针转动为负,

当 $n_3 = 0$ 时

$$\frac{300 - n_H}{0 - n_H} = -\frac{85}{17} = -5$$

$$n_H = 50 \text{ r/min}$$

结论为正的表示行星架转动方向为顺时针转动。

当 $n_3 = -120$ 时

$$\frac{300 - n_H}{-120 - n_H} = -\frac{85}{17} = -5$$

$$n_H = -50 \text{ r/min}$$

"-"的表示行星架转动方向为逆时针转动。

例 9-4　图 9-6 所示是大传动比的行星轮系减速器。已知 $z_1 = 100, z_2 = 101, z_{2'} = 100, z_3 = 99, n_3 = 0$。求传动比 i_{H1}。

解　行星轮系的转化轮系中,太阳轮 1 是首轮,太阳轮 3 是末轮,两轮转动方向相同,传动比的计算公式是:

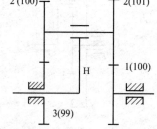

$$\frac{n_1 - n_H}{n_3 - n_H} = \frac{z_2 z_3}{z_1 z_{2'}}$$

代入数据得

$$\frac{n_1 - n_H}{0 - n_H} = \frac{101 \times 99}{100 \times 100} = \frac{100^2 - 1}{100^2}$$

$$i_{H1} = \frac{n_H}{n_1} = 10\ 000$$

图 9-6　大传动比行星轮系

这种行星轮系可以用很少的齿数获得很大的传动比,但传动效率低,不宜用于大功率传动。

例 9-5　如图 9-7 所示为圆锥齿轮行星轮系。已知圆锥齿轮齿数都相同,$n_1 = 100$ r/min(顺时针转动为正)。求下列情况下 n_3 的大小及转向。

(1) $n_H = 0$;

(2) $n_H = n_1 = 100$ r/min;

(3) $n_H = 50$ r/min。

解　行星轮系的转化轮系中,太阳轮 1 是首轮,太阳轮 3 是末轮,两轮转动方向相反,传动比的计算公式是:

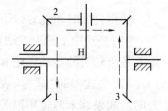

$$\frac{n_1 - n_H}{n_3 - n_H} = -\frac{z_2}{z_1} \cdot \frac{z_3}{z_2}$$　由于 $z_1 = z_2 = z_3, n_1 + n_3 = 2n_H$

图 9-7　圆锥齿轮行星轮系

(1) $n_H = 0$ 时　　$n_3 = -n_1 = -100$ r/min　"-"表示实际转动方向为逆时针方向。

(2) $n_H = n_1 = 100$ r/min 时　$n_3 = 2n_H - n_1 = 2 \times 100 - 100 = 100$ r/min　顺时针方向。

(3) $n_H = 50$ r/min 时　$n_3 = n_1 - 2n_H = 100 - 2 \times 50 = 0$

第三节 混合轮系传动比的计算

定轴轮系和行星轮系组合成的轮系称为混合轮系,如图9-8所示。因为组合轮系是由运动性质不同的轮系组成,所以计算其传动比时,必须先将轮系分解成行星轮系和定轴轮系,然后分别按转化轮系传动比和定轴轮系传动比列计算公式,最后联立求解。

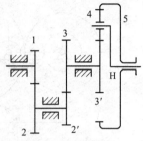

混合轮系分解方法是,先找出各行星轮系,余下的便是定轴轮系。如图9-8所示的混合轮系,按行星轮轴线可转的特征,找到由行星架H支承的行星轮4,以行星轮4为核心,再找到与其相啮合的太阳轮3′和5。

图9-8 混合轮系

例9-6 图9-8所示的混合轮系中,各齿轮齿数分别为:$z_1 = z_2 = z_{3'} = 20$、$z_2 = z_3 = 40$、$z_5 = 80$,试计算传动比 i_{1H}。

解 该轮系中,轮4为行星轮,与行星轮啮合的轮3′和轮5为中心轮,H为行星架,故构件3′、4、5、H组成了行星轮系,而齿轮1、2、2′、3的回转中心均是固定的,从而组成了定轴轮系。从图中可以看出,轮系中 $n_5 = 0$,$n_{3'} = n_3$。

在定轴轮系中,首轮是齿轮1,末轮是齿轮3,两齿轮轴线平行,转向相同。传动比计算是:

$$\frac{n_1}{n_3} = \frac{z_2 z_3}{z_1 z_{2'}} = \frac{40 \times 40}{20 \times 20} = 4 \quad n_1 = 4n_3$$

在行星轮系的转化轮系中,首轮是齿轮3′,末轮是齿轮5,两齿轮轴线平行,转向相反。传动比计算是:

$$\frac{n_{3'} - n_H}{n_5 - n_H} = -\frac{z_5}{z_{3'}} \quad \frac{n_{3'} - n_H}{0 - n_H} = -\frac{80}{20} \quad n_{3'} = 5n_H \quad 有:n_{3'} = n_3$$

得:$n_1 = 20n_H$ $\quad i_{1H} = \dfrac{n_1}{n_H} = 20$

第四节 轮系的功用

由上述可知,轮系广泛用于各种机械设备中,其功用如下:

一、传递相距较远的两轴间的运动和动力

当两轴间的距离较大时,用轮系传动,则减少齿轮尺寸,节约材料,且制造安装都方便,如图9-9所示。

二、可获得大的传动比

一般一对定轴齿轮的传动比不宜大于5~7。为此,当需要获得较大的传动比时,可用几个齿轮组成行星轮系来达到目的。不仅外廓尺寸小,且小齿轮不易损坏。如例9-4所述的简单行星轮系。

三、可实现变速传动

在主动轴转速不变的条件下,从动轴可获得多种转速。汽车、机床、起重设备等多种机器

设备都需要变速传动。图 9-10 为最简单的变速传动。

图 9-10 中主动轴 O_1 转速不变,移动双联齿轮 1-1′,使之与从动轴上两个齿数不同的齿轮 2、2′分别啮合,即可使从动轴 O_2 获得两种不同的转速,达到变速的目的。

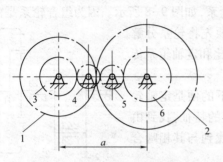

图 9-9 轮系远距离传动图

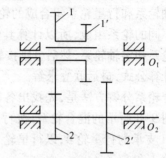

图 9-10 轮系的变速传动

四、变向传动

当主动轴转向不变时,可利用轮系中的惰轮来改变从动轴的转向。如图 9-1 中的轮 4,通过改变外啮合的次数,达到使从动轮 5 变向的目的。

五、实现运动合成或分解

例 9-5 得到的 $n_3+n_1=2n_H$ 结果,说明行星轮系能将 1、3 两构件的转动运动合成为 H 构件一个转动,还可将 H 构件输入一个转动,按所需的比例分解为 1、3 两构件的转动。

习 题

一、填 空 题

1.在传动中所有齿轮的回转轴线都具有固定位置的轮系称为_____轮系。

2.在传动中某些齿轮的回转轴线既要绕其本身轴线转动外,还要绕着其他轴线转动的轮系称为_____轮系。

3.指出图 9-11 所示各轮系的名称:

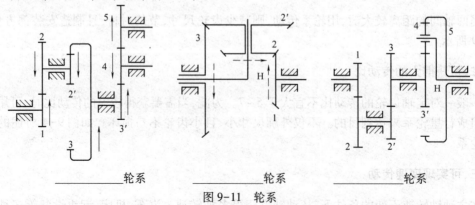

_____轮系　　　　_____轮系　　　　_____轮系

图 9-11 轮系

4.典型的行星轮系由两个＿＿＿＿＿、一个＿＿＿＿＿和＿＿＿＿＿组成。

5.轮系分为＿＿＿＿＿轮系和＿＿＿＿＿轮系。

二、计 算 题

1.如图 9-12 所示的定轴轮系中,已知:各轮的齿数为 $z_1 = z_{2'} = 15$, $z_2 = 45$, $z_3 = 30$, $z_{3'} = 17$, $z_4 = 34$。试求传动比 i_{14}。

2.起重机传动系统如图 9-13 所示,已知: $z_1 = 1$, $z_2 = 50$, $z_3 = 20$, $z_4 = 60$,卷筒直径 $d = 400$ mm,电动机转速 $n_1 = 1\,500$ r/min。试求:(1)卷筒的转速 n_4 为多少? (2)重物移动速度为多少? (3)提升重物时,电动机应以什么方向旋转(标在图上)?

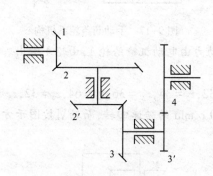

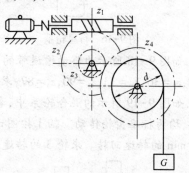

图 9-12 定轴轮系   图 9-13 起重机传动系统

3.图 9-14 所示为一电动提升装置,其中各轮齿数均为已知,试求传动比 i_{15},并画出当提升重物时电动机的转向。

4.如图 9-15 所示的滚齿机工作台传动中,已知各轮齿数为: $z_1 = 15$, $z_2 = 28$, $z_3 = 15$, $z_4 = 35$, $z_8 = 1$, $z_9 = 40$,被切齿轮毛坯 B 的齿数为 64,滚刀头数为 1。求传动比 i_{75}。

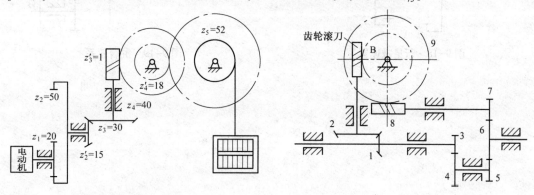

图 9-14 电动提升装置   图 9-15 滚齿机传动轮系

5.已知行星轮系如图 9-16 所示, $n_1 = 50$(顺), $n_3 = 100$(逆), $z_1 = 20$, $z_2 = z_{2'}$, $z_3 = 40$,求行星架 H 的转速及方向。

6.如图 9-17 所示的手动葫芦中,S 为手动链轮,H 为起重链轮。已知: $z_1 = 12$, $z_2 = 28$, $z_{2'} = 14$, $z_3 = 54$。试求传动比 i_{SH}。

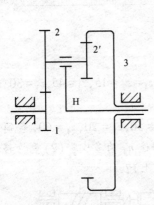

图 9-16　行星轮系

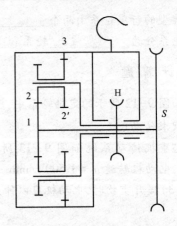

图 9-17　手动葫芦轮系机构

7.如图 9-18 所示为驱动输送带的行星减速器,动力由电动机输给轮 1,由轮 4 输出。已知 $z_1 = 18, z_2 = 36, z_{2'} = 33, z_3 = 90, z_4 = 87$,求传动比 i_{14}。

8.如图 9-19 所示的混合轮系中,各轮齿数 $z_1 = 32, z_2 = 34, z_{2'} = 36, z_3 = 64, z_4 = 32, z_5 = 17, z_6 = 24$,均为标准齿轮传动。轴 I 按图示方向以 1 250 r/min 的转速回转,而轴 Ⅵ 按图示方向以 600 r/min 的转速回转。求轮 3 的转速 n_3。

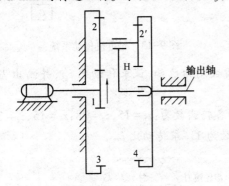

图 9-18　行星减速器

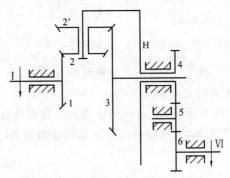

图 9-19　混合轮系

第十章

轴

轴和轴承都是传动机构中的重要部件。轴直接支承旋转零件（如齿轮、带轮、链轮等）和其他轴上零件以传递运动和动力。轴承是用来支承轴的，它能保证轴的回转精度，减少回转轴与支承间的摩擦和磨损。

第一节　轴　的　概　述

一、轴的分类

（一）按所受载荷分类

1.心轴

只承受弯矩，不承受扭矩的轴称为心轴。心轴只用于支承零件。心轴是转动的称为转动心轴，如铁路机车车辆的车轴（图 10-1）；也可以是不转动的称为固定心轴，如自行车前轮轴（图 10-2）。

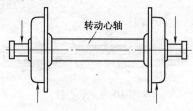

图 10-1　转动心轴

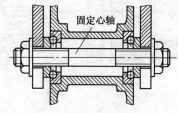

图 10-2　固定心轴

2.传动轴

只承受扭矩，不承受弯矩的轴称为传动轴。如汽车变速器与后桥之间的传动轴（图 10-3）。

3.转轴

既承受弯矩又承受扭矩的轴称为转轴。如齿轮变速器中的转轴（图 10-4）。

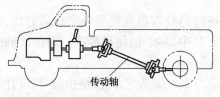

图 10-3　传动轴

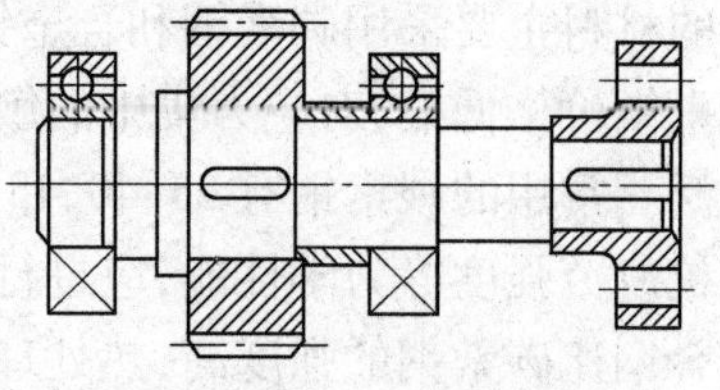

图 10-4　转轴

（二）按轴线几何形状分类

1.曲轴

轴的轴线不是直线的轴，常用于往复式机械，如曲柄压力机、内燃机中（图 10-5）。可以实现直线运动与旋转运动的转换。

2.挠性轴

可按使用要求变化轴线形状的轴,可将扭转或旋转运动灵活地传到任何所需的位置。常用于建筑机械中的捣振器、汽车中的里程表等(图10-6)。

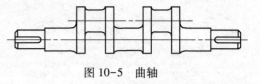

图 10-5 曲轴

3.直轴

直轴按外形分为光轴、阶梯轴两类。光轴〔图10-7(a)〕的各截面直径相同,它加工方便,但轴上零件不易定位。阶梯轴〔图10-7(b)〕的各截面直径不同,轴上零件容易定位,便于装拆,应用较多。

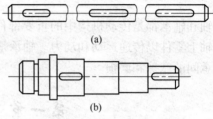

(a)

(b)

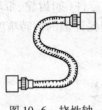

图 10-6 挠性轴

图 10-7 光轴与阶梯轴

轴一般做成实心的,如图10-8所示,但为了减轻重量或满足某种功能,则可以做成空心轴,如图10-9所示。所以按轴的结构可以分为实心轴和空心轴。

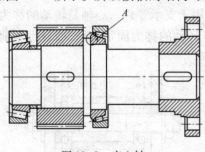

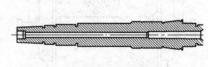

图 10-8 实心轴

图 10-9 空心轴

二、轴的材料选择

轴的要求是具有足够的承载能力、具有合理的结构。轴的材料是决定轴的承载能力的重要因素。轴的材料应具有足够的强度、刚度和耐磨性;较小的应力集中敏感性;还具有良好的加工工艺性和经济性。

轴的材料主要采用碳素钢和合金钢。

碳素钢价格低廉,对应力集中的敏感性小,并可通过热处理提高疲劳强度和耐磨性,故应用较广泛。常用的碳素钢有35、40、45等优质碳素钢,其中以45钢使用最广。为保证轴的耐磨性和抗疲劳强度等力学性能,应进行调质或正火处理。

合金钢比碳素钢的强度高,热处理性能好,但对应力集中敏感性高,价格也较贵,设计时力争在结构上避免和降低应力集中,提高表面质量。耐磨性要求较高的可以采用20Cr、20CrMnTi等低碳合金钢;采用渗碳淬火热处理;强度要求较高的轴可以使用40Cr(或用35SiMn、40MnB代替)、40CrNi(或用38SiMnMo代替)等进行调质或淬火热处理。

合金钢主要用于要求减轻重量、提高耐磨性以及在高温或低温条件下工作的轴。

对于形状复杂的轴,如曲轴、凸轮轴等,也采用球墨铸铁或高强度铸造材料来进行铸造加工,易于得到所需形状,而且具有较好的吸振性能和好的耐磨性,对应力集中的敏感性也较低。

应该注意的是在一般工作温度下,各种碳钢和合金钢的弹性模量相差不大,故在选择钢的种类和热处理方法时,所依据的主要是强度和耐磨性,而不是轴的弯曲刚度和扭转刚度等。

轴的毛坯选择一般是当轴的直径较小而又不太重要时,可采用轧制圆钢;重要的轴应采用锻造坯件;对于大型的低速轴,也可采用铸件。

轴的常用材料见表 10-1。

表 10-1 轴的常用材料

材料牌号	热处理	毛坯直径(mm)	硬度(HBS)	σ_b	σ_s	σ_{-1}	r_{-1}	$[\sigma_{+1}]$	$[\sigma_0]$	$[\sigma_{-1}]$	用途
				(MPa)							
Q235-A Q275				430 570	235 275	175 220	100 130	130 150	70 72	40 42	用于不重要或载荷不大的轴
35	正火 正火 回火	25 ≥100 >100~300	≤187 143~187	530 510 490	315 265 255	225 210 201	132 121 116	167	74	44	有好的塑性及适当的强度,可用于做曲轴
	调质	≤100 >100~300	163~207 149~207	550 530	294 275	227 217	131 126	177	83	49	
45	正火 正火 回火	25 ≥100 >100~300	≤241 170~217 162~217	600 588 570	355 294 285	257 238 230	148 138 133	196	93	54	应用最广
	调质	≤200	217~255	637	353	268	155	216	98	59	
40 Cr	调质	25 ≥100 >100~300	241~286	980 736 686	785 539 490	477 314 314	275 199 183	245	118	69	用于载荷较大、尺寸较大的重要轴或齿轮轴
40CrNi	调质	25 ≥100 >100~300	241 270~300 240~270	980 900 785	785 735 570	475 420 372	275 243 215	275	125	74	用于很重要的轴
35SiMn	调质	25 ≤100	229 229~286	885 285	735 510	450 350	260 202	245	118	69	性能接近40Cr,用于中小轴、齿轮轴
20Cr	渗碳 淬火 回火	15 ≤60	56~62HRC	835 637	540 392	370 278	214 160	220	100	600	用于强度及韧性均较高的轴,如齿轮轴、蜗杆轴
QT400-15			156~197	400	300	145	125	64	34	24	用于结构形状复杂的轴
QT450-10			170~207	450	330	160	140	72	38	28	
QT500-7			187~255	500	380	180	155	80	42	31	
QT600-3			197~269	600	420	215	185	96	52	37	

三、轴的设计内容

1.轴的结构设计

根据轴上零件的安装、定位及轴的制造工艺等方面的要求,合理确定轴的结构形状和尺寸。

2.轴的工作能力设计

从强度、刚度和振动稳定性等方面来保证轴具有足够的工作能力和可靠性。

设计轴时主要应该满足轴的强度要求;对于刚度要求较高的轴(例如机床主轴),主要应该满足刚度要求;对于一些高速旋转的轴(例如高速磨床主轴、汽轮机主轴等),要考虑满足振动稳定性的要求。

第二节 轴的结构设计

一、轴结构设计概述

轴的结构设计就是确定轴的合理形状和尺寸。

1.轴的结构设计要求

(1)轴上零件在轴上应有准确的定位和可靠的固定。

(2)轴上零件便于拆装和调整。

(3)保证轴有良好的制造工艺性。

(4)轴上零件位置安排有助于轴的强度和刚度要求。

(5)轴的结构和尺寸应尽量避免应力集中。

轴的结构设计与轴所受的载荷大小、分布及应力情况;轴上零件数目、布置情况;零件在轴上的固定方法;轴承的类型及尺寸;轴的加工及装配情况等诸多因素有关。所以轴的结构设计没有固定的模式,需根据具体情况分析。

2.轴的基本形状

为满足轴结构设计的要求,轴的形状通常是两头细、中间粗,由不同直径和长度轴段组成的阶梯轴,如图10-10所示的阶梯轴。阶梯轴有利于轴上零件的拆装,并符合等强度原则。

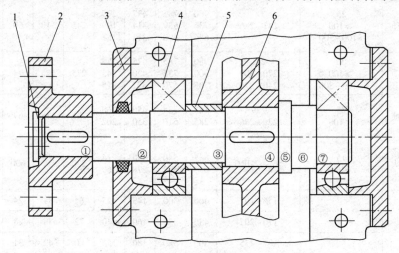

图 10-10　轴的结构

1—轴端挡圈;2—联轴器;3—轴承端盖;4—滚动轴承;5—套筒;6—齿轮

3.轴的各部分名称

(1)轴头

轴上安装旋转传动零件(如曲柄、摇杆、凸轮、带轮、链轮、齿轮、蜗轮、联轴器及离合器等)的轴段称为轴头,如图10-10中的①、④轴段。轴头的直径应与相配合的零件轮毂内径一致,并尽量采用直径标准系列;轴头的长度一般比轮毂的宽度短,以保证传动零件轴向固定可靠。

(2)轴颈

安装轴承的轴段称为轴颈,如图10-10中的③、⑦轴段。轴颈的直径应取轴承的内径系列;轴颈的长度一般与轴承的长度相等或由具体结构而确定。

（3）轴身

连接轴头和轴颈部分的非配合轴段称为轴身,如图 10-10 中的②、⑤、⑥轴段。轴身部分的直径可采用自由尺寸,为了便于加工及尽量减少应力集中,轴的各段直径的变化应尽可能减少。轴身的长度由轴上零件的宽度和零件的相互位置而定。

二、轴上零件的轴向固定

零件的轴向固定是保证轴上零件有准确的相对位置,防止零件作轴向移动,并将作用在零件上的轴向力通过轴传递给轴承。常用的轴向固定方法有以下几种。

1.轴肩和轴环

阶梯轴各轴段不同直径变化的部位称为轴肩,其中一个尺寸变化最大的轴肩称为轴环,如图 10-10 所示的轴段⑥,轴肩和轴环由定位面高度 h 和过渡圆角半径 R 组成。

为零件定位与固定所设的轴肩为固定轴肩,固定轴肩或轴环处的圆角半径 R 必须小于零件轮毂孔的圆角 R_1 或倒角 C_1,保证轮毂端面与轴肩端面紧贴〔图 10-11（a）〕,否则轮毂端面无法与轴肩端面紧贴,导致定位和固定失效〔图 10-11（b）〕。其中 R、R_1、C_1 的值应符合标准(表 10-2)。

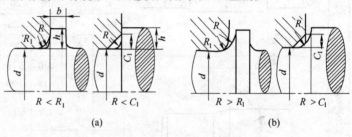

图 10-11　轴上零件的轴肩固定与定位

表 10-2　零件倒角与倒圆

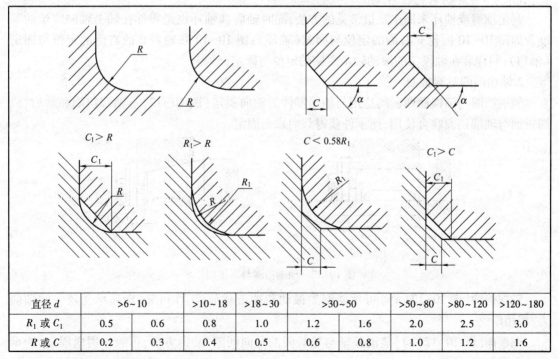

直径 d	>6~10		>10~18	>18~30	>30~50		>50~80	>80~120	>120~180
R_1 或 C_1	0.5	0.6	0.8	1.0	1.2	1.6	2.0	2.5	3.0
R 或 C	0.2	0.3	0.4	0.5	0.6	0.8	1.0	1.2	1.6

注:α 一般采用45°,也可采用30°或60°。

定位高度应保证传动件固定可靠,一般轴上传动零件定位高度 $h=(0.07\sim0.1)d$。

固定滚动轴承轴肩的 h 和 R 应根据滚动轴承的类型与尺寸查滚动轴承手册而确定,其中轴肩高度必须低与轴承内圈的高度。

轴肩定位准确,固定可靠,不需要附加零件,能承受的轴向力大;该方法会使轴径增大,阶梯处形成应力集中,阶梯过多将不利于加工。

由轴的加工工艺或轴上零件装配工艺要求而生成的必要轴肩称为工艺轴肩。工艺轴肩的高度则无严格规定(表 10-3)。尽可能减少应力集中。

表 10-3　圆形零件自由表面过渡圆角和过盈配合联接轴用倒角

圆角半径	$D-d$	2	5	8	10	15	20	25	30	35
	R	1	2	3	4	5	8	10	12	12
	$D-d$	40	50	55	65	70	90	100	130	140
	R	16	16	20	20	25	25	30	30	40
	$D-d$	170	180	220	230	290	300	360	370	450
	R	40	50	50	60	60	80	80	100	100
过盈配合联接轴倒角	D	≤10	>10 ~18	>18 ~30	>30 ~50	>50 ~80	>80 ~120	>120 ~180	>180 ~260	>260 ~360
	a	1	1.5	2	2	—	5	8	10	10
	C	0.5	1	1.5	2	2.5	3	4	5	6
	α			30°				10°		

注:尺寸 $D-d$ 是表中的中间值时,则按较小尺寸选取 R。

利用轴肩或轴环来固定是最常见的方法,同时轴肩和轴环也是零件在轴上轴向定位的基准。如图 10-10 齿轮 6 右侧的定位与固定(轴环);图 10-10 联轴器 2 的右侧的定位与固定(轴肩);同样装在轴段⑦的滚动轴承左侧的定位与固定(轴肩)。

2.轴端挡圈与圆锥面

轴端挡圈与圆锥面两者均适用与轴端零件的轴向固定(图 10-12)。轴端挡圈和轴肩,或圆锥面与轴端挡圈联合使用,使零件获得双向轴向固定。

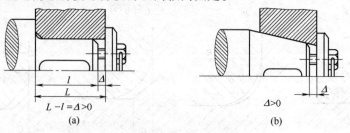

图 10-12　轴端挡圈与圆锥面

轴端挡圈〔图 10-12(a)〕可承受剧烈振动和冲击载荷,工作可靠,能够承受较大的轴向力,应用广泛。

圆锥面〔图 10-12(b)〕能消除轴与轮毂间的径向间隙,装拆方便,可兼作周向固定,能承受冲击载荷。

3.圆螺母与定位套筒

圆螺母常用于零件与轴承间距离较大,且允许切制螺纹的轴段。其特点是固定可靠,装拆方便,可承受较大轴向力,能实现轴上零件的间隙调整;其缺点是由于轴上切制螺纹,对轴的疲劳强度有较大的削弱。为了减小对轴强度的削弱,常采用细牙螺纹,为了防松,需加止动垫片或者使用双螺母(图10-13)。

当两个零件相隔距离不大时,可采用套筒作轴向固定(图10-14)。图10-10中齿轮左侧就是靠套筒固定。这种方法能承受较大的轴向力,减小应力集中,且定位可靠、结构简单、装拆方便。还可以减少轴的阶梯数量和避免因切制螺纹而削弱轴的强度;但由于套筒与轴之间存在间隙,轴的转速很高时不宜采用。定位套筒不宜过长。

图 10-13　圆螺母　　　　　　　　　图 10-14　定位套筒

4.弹性挡圈与紧定螺钉

弹性挡圈与紧定螺钉均适用于承载不大,或仅仅为了防止零件偶然沿轴向移动的场合。弹性挡圈常与轴肩联合使用,对轴上零件(常用于滚动轴承)实现双向固定,如图10-15所示。弹性挡圈固定结构紧凑、简单、装拆方便;但受力较小,且轴上切槽会引起应力集中,轴上切槽尺寸应符合标准。常用于轴承的定位。

紧定螺钉多用于光轴上零件的轴向固定,还可兼作周向固定,如图10-16所示。

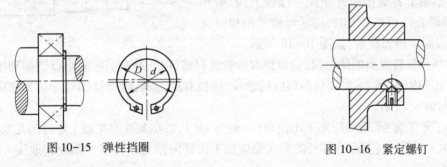

图 10-15　弹性挡圈　　　　　　　　　图 10-16　紧定螺钉

三、轴上零件的周向固定

轴上零件的周向固定是为了防止零件与轴产生相对转动。常用的固定方式有平键、花键、销及过盈配合,如图10-17所示。

工作条件不同,对零件在轴上的定位方式和配合性质也不相同,而轴上零件的定位方法又直接影响到轴的结构形状。因此,在进行轴的结构设计时,必须综合考虑轴上载荷的大小及性质、轴的转速、轴上零件的类型及使用要求等,合理作出固定选择。如齿轮与轴一般采用平键连接;当传递小转矩时,可采用销或紧定螺钉连接。

四、轴的结构工艺性

轴的结构形状和尺寸应尽量满足加工、装配和维修的要求。所以在轴的结构设计中应注意如下事项。

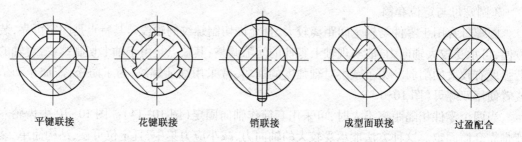

平键联接　　　　花键联接　　　　销联接　　　　成型面联接　　　　过盈配合

图 10-17　轴上零件周向固定方法

（1）为保证阶梯轴上的零件能顺利装拆,轴的各段直径应从轴端起逐段加大,形成中间大两头小的阶梯形轴。轴的形状设计应力求简单,轴的台阶数要尽可能少,轴肩高度尽可能小。

（2）为了便于加工和检验,轴的直径应取为整数值;滚动轴承处的轴肩高度应小于轴承内圈的高度,以利拆卸;与滚动轴承相配合的轴颈直径应符合滚动轴承内径标准,且同一轴上的轴颈直径尽可能相同,以便选择相同型号的滚动轴承;轴头的直径应与相配合的零件轮毂内径一致,并采用直径标准系列;安装联轴器的轴径应与联轴器的孔径范围相适应;有螺纹的轴段直径应符合螺纹标准直径。轴身部分的直径可采用自由尺寸;最好能取标准直径。

（3）按轴上零件的装配方案和定位要求,逐步确定各轴段的直径,并根据轴上零件的轴向宽度尺寸、各零件的相互位置关系以及零件装配所需的装配和调整空间,确定轴的各段长度。轴上与零件相配合部分的轴段长度,应比轮毂长度略短 2～3 mm,以保证零件轴向定位可靠。

（4）为了便于切削加工,同轴上的圆角、倒角、键槽、中心孔尺寸、退刀槽和越程槽等尺寸尽可能一致。

（5）一根轴上各键槽应开在同一母线上,若需开设键槽的轴段直径相差不大时,应尽可能采用相同宽度的键槽,以减少换刀次数,如图 10-18 所示。

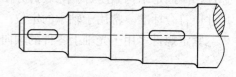

图 10-18　键槽布置

（6）轴颈部分需要磨削的轴段,应该留有砂轮越程槽,以便磨削时砂轮可以磨削到轴肩的端部,如图 10-19（a）所示;需要切制螺纹的轴段,应留有退刀槽,以保证螺纹牙达到相应的长度如图 10-19（b）所示。

（7）为了便于装配,轴端应加工出倒角（一般为 45°）,以免装配时把轴上零件的孔壁擦伤,如图 10-20（a）所示;过盈配合零件的装入端应加工出导向锥面以便零件能顺利地压入,如图 10-20（b）所示。

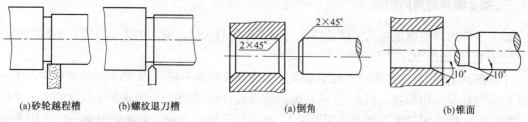

(a)砂轮越程槽　　(b)螺纹退刀槽

图 10-19　砂轮越程槽和退刀槽

(a)倒角　　　　(b)锥面

图 10-20　倒角和锥面

（8）轴上各零件之间应该留有适当的间隙,以防止运转时相碰。若在轴上装有滑移的零件,应该考虑零件的滑移距离。

制造工艺性往往是评价设计优劣的一个重要方面,为了便于制造、降低成本,一根轴上的具体结构都必须认真考虑。

如图 10-21 所示轴结构:螺纹段留有退刀槽(①),磨削段要留越程槽(④);同一轴上的圆角、倒角应尽可量相同;同一轴上的几个键槽应开在同一母线上(⑤);螺纹前导段(②)直径应该小于螺纹小径;轴上零件(如齿轮、带轮、联轴器)的轮毂宽度大于与其配合的轴段长度;轴上各段的精度和表面粗糙度不同。

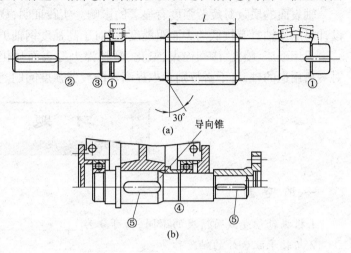

图 10-21　轴的结构工艺性示例

五、提高轴的疲劳强度

轴的基本形状确定之后,对轴的结构细节进行合理设计,由加工工艺、装配工艺等方面,尽量减少应力集中,提高轴的疲劳强度;采用一定的工艺方法提高轴的表面质量,提高轴的疲劳强度。按照工艺的要求,合理安排轴的加工和装配工艺性。使之具有良好的经济性。

1.减小应力集中

轴一般是在变应力下工作,其失效多是因为材料疲劳而破坏,如铁路机车车辆的断轴事故即多属疲劳断裂。应力集中对构件疲劳强度影响极大,故在轴的结构设计上应注意降低应力集中,以提高轴的疲劳强度。常见的减小应力集中的方法见表 10-4。

表 10-4　减小应力集中的方法

圆角	简图				
	措施	加大圆角半径 $r/d>0.1$ 减小直径差 D/d $<1.15\sim1.2$	用内凹圆角 加大圆角半径	设中间环, 加大圆角半径	加退刀圆角
横孔	简图	k_e 减小约 30 %～40 %			
	措施	不通孔改成通孔		孔边倒角或滚珠碾压	压入弹性横量小的衬套
键	简图				
	措施	键槽底部加圆角	用圆盘铣刀加工键槽	增大花键直径	花键加退刀槽
过盈配合	简图	k_e 减小约 30 %～40 % $r>(0.1\sim0.2)d$	k_e 减小约 40 % $d_1=(1.06\sim1.08)d$	k_e 减小约 15 %～25 %	k_e 减小约 15 %～25 %
	措施	增大配合处直径	轴上加卸载槽并滚压	轮毂上加卸载槽	减小轮毂两端厚度

注:k_e 为有效应力集中系数,其减小值为概略值。

2.提高轴的表面质量

轴表面的质量对疲劳强度有显著的影响。实践证明,疲劳裂纹常发生在表面粗糙的部位,设计时应使轴具有较低的表面粗糙度值,对于高强度钢轴更应具有较低的表面粗糙度值。

采用碾压、喷丸、渗碳淬火、氮化、高频淬火等表面强化方法,可显著提高轴的疲劳强度。对一般用途的轴,可不必特别考虑提高轴的疲劳强度问题。

习 题

一、填 空 题

1.根据轴承受载荷情况的不同,轴可分为_____、_____和_____。

2.与轴承配合处的轴段称为_____。

3.轴的要求是具有足够的_____能力、具有合理的_____尺寸。

4.与零件配合处的轴段称为_____。

5.轴上零件轴向固定的方法有_____肩和_____环。

6.轴上零件轴向固定的方法有轴端_____和_____面。

7.轴上零件轴向固定的方法有圆_____和_____筒。

8.轴上零件轴向固定的方法有弹性_____和紧定_____。

9.轴肩处的圆角半径应_____零件轮毂孔端的圆角半径或倒角高度。

10.与零件配合的轴头长度应_____零件轮毂长度。

11.减小应力集中、提高表面质量均可提高轴的_____强度。

二、判 断 题

1.轴只是用来支承回转零件。 (   )

2.既承受弯矩又承受扭矩的轴称为转轴。 (   )

3.轴肩处的圆角半径应小于零件轮毂孔端的圆角半径或倒角高度。 (   )

4.轴的结构设计就是合理确定轴的结构形状和尺寸。 (   )

5.轴上零件在轴上应有准确的定位和可靠的固定。 (   )

6.轴的结构和尺寸应尽量避免应力集中。 (   )

7.滚动轴承处的轴肩高度应小于轴承内圈的高度。 (   )

8.与滚动轴承相配合的轴颈直径应符合滚动轴承内径标准。 (   )

9.同一轴上的轴颈直径尽可能相同,以便选择相同型号的滚动轴承。 (   )

10.轴头的直径应与相配合的零件轮毂内径一致,并采用直径标准系列。 (   )

第十一章
轴 承

轴承是支承轴的部件,轴承是用来引导轴作转动运动,保证轴的旋转精度,且承受由轴传给机架的载荷。

按轴与轴承间的摩擦性质,轴承可分为两大类:

滑动轴承:轴颈相对于支座孔作相对滑动摩擦转动,称为滑动轴承。为减小摩擦与磨损,在轴承内常加有润滑剂。

滑动轴承结构简单,易于制造,可以剖分,便于拆装;具有良好的耐冲击性和良好的吸振性能,运转平稳,旋转精度较高,寿命长;在高速、重载、高精度、结构要求剖分的场合,显示出比滚动轴承更大的优越性。因而在大型汽轮机、发电机、压缩机、轧钢机及高速磨床上多采用滑动轴承。此外,在低速且带有冲击的机械中(如水泥搅拌机、破碎机、滚筒清砂机等)和许多低要求场合也常用滑动轴承。

滚动轴承:轴颈相对于支座孔作滚动摩擦转动称为滚动轴承,即在轴颈与支座孔之间有滚动体。它是标准件。滚动轴承与滑动轴承相比摩擦与磨损较小。

滚动轴承具有易启动,载荷、转速及工作温度的适用范围较广,轴向尺寸小,润滑、维护方便等优点。其缺点主要是对冲击震动敏感,对轴颈与轴承孔公差要求较严、噪声较大,转速有一定限制。滚动轴承已标准化,由专业工厂大批生产,在机械中应用非常广泛。

第一节 滑 动 轴 承

一、滑动轴承的分类

按照滑动轴承承受载荷的方向可以分为:

1. 径向滑动轴承

承受径向载荷 F_r,载荷方向沿半径方向与轴的轴线垂直,如图 11-1(a)所示。

2. 止推滑动轴承

承受轴向载荷 F_a,载荷方向与轴的轴线重合,如图 11-1(b)所示。

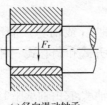

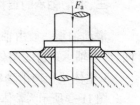

(a)径向滑动轴承　　　　　　　(b)止推滑动轴承

图 11-1　滑动轴承类型

二、滑动轴承摩擦状态

滑动轴承的运动是轴颈与支座孔之间产生相对滑动摩擦。由于滑动轴承的润滑条件不同,会出现不同的摩擦状态。

1. 干摩擦状态(无润滑)

两工作表面无任何润滑剂,直接接触相对滑动,称为干摩擦,如图 11-2(a)所示。由于摩擦因数大($f = 0.1 \sim 0.5$),会造成很大的摩擦,消耗能量;严重的磨损,会降低轴承寿命;还可能产生胶合破坏,轴承丧失工作能力。所以在滑动轴承中不允许出现干摩擦状态。

2. 边界摩擦状态(非液体润滑)

在两摩擦表面之间加入少量的润滑剂,由于润滑油与金属表面的吸附作用,两摩擦表面被形成的极薄边界油膜部分隔开,但在表面局部凸起部分仍发生金属的直接接触,称为边界摩擦状态,如图 11-2(b)所示。边界油膜覆盖了许多摩擦表面,这样就降低了摩擦因数($f = 0.05 \sim 0.1$),达到减小摩擦、减轻磨损的目的。一般的滑动轴承都处于非液体润滑状态,这种状态结构简单,对制造精度和工作条件的要求不高,故此在机械中得到广泛使用。

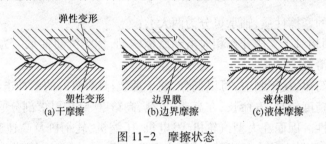

弹性变形

塑性变形   边界膜   液体膜
(a)干摩擦   (b)边界摩擦   (c)液体摩擦

图 11-2 摩擦状态

3. 液体摩擦状态(液体润滑)

在两摩擦表面有充足的润滑剂,并以一定的方法形成较厚的承压油层,两摩擦表面被油层完全隔开,摩擦性质仅取决于液体内部分子之间黏性阻力,称为液体摩擦状态,如图 11-2(c)所示。这种状态摩擦因数极小($f = 0.001 \sim 0.008$),两表面的摩擦极小,磨损极低。这是液体滑动轴承的润滑状态。

利用轴径的高速旋转将润滑油带到轴承中形成压力油膜,使滑动表面分开,用这种方法实现液体摩擦轴承称为液体动压滑动轴承;利用油泵产生压力油注入滑动表面之间,形成压力油膜,使滑动表面分开,用这种方法实现液体摩擦轴承称为液体静压滑动轴承。

液体静压滑动轴承具有承载大、效率高、旋转精度高、转速高、寿命长、良好的耐冲击性和吸振性等优点,但是制造精度要求高,造价昂贵。主要用于高速、重载、高旋转精度的场合。

三、滑动轴承的结构

滑动轴承一般由轴承座、轴瓦(或轴套)、润滑装置和密封装置等部分组成。根据结构不同,滑动轴承可分为整体式、对开式和调心式三种形式。

1. 整体式径向滑动轴承

图 11-3 所示为整体式滑动轴承,它由轴承座 1 和轴套 2 组成。轴承套压装在轴承座孔中,一般配合为 H8/s7,轴套上开有油孔,并在其内表面开油沟以输送润滑油。轴承座用螺栓与机座连接。这种轴承已标准化。实际上,将轴直接穿入在机架上加工出的轴承孔,即构成了最简单的整体式滑动轴承。

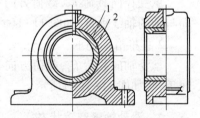

图 11-3 整体式滑动轴承
1—轴承座;2—轴套

这种轴承结构简单,制造容易,成本低;它的缺点是轴在安装时,只能作轴向移动从轴承的端部装入,有些粗重的轴和中间具有轴颈的轴(如内燃机的曲轴)就不便或无法安装。轴瓦磨损后,轴与孔之间的间隙无法修整。常用于低速、轻载而不需要经常装拆的场合,如小型绞车、手摇起重机械、农业机械等。

2.对开式径向滑动轴承

图 11-4 所示为正向对开式径向滑动轴承。它由轴承座 3,轴承盖 2,剖分的上、下轴瓦 4、5 和双头螺柱 1 等组成。

为了防止轴承盖和轴承座横向错动和便于装配时对中,轴承盖和轴承座的剖分面做成阶梯状。这种轴承所受的径向载荷方向一般不超过剖分面垂线左右 35° 的范围,否则应该使用斜剖分面轴承。为使润滑油能均匀地分布在整个工作表面上,一般在不承受载荷的轴瓦表面开出油沟和油孔。对开式滑动轴承的轴瓦在装配后,上下轴瓦要适当压紧,使其不随轴转动。对开式滑动轴承的类型很多,现已标准化。对开式滑动轴承在装拆轴时,轴颈不需要轴向移动,装拆方便。另外,适当增减轴瓦剖分面间的调整垫片,可以调节磨损后轴颈与轴承之间的间隙。应用广泛,但加工复杂,成本高。

图 11-5 所示为斜向对开式径向滑动轴承。轴承剖分面与水平面成 45° 角,轴承载荷的方向应位于垂直剖分面的轴承中心线左右 35° 的范围内,其特点与正向对开式径向滑动轴承相同。

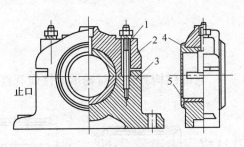

图 11-4 对开式滑动轴承

1—螺柱;2—轴承盖;3—轴承座;

4—上轴瓦;5—下轴瓦

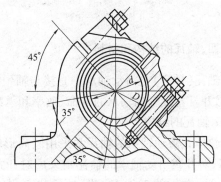

图 11-5 斜向对开式径向滑动轴承

3.调心式径向滑动轴承

对滑动轴承,当轴承宽度 B、轴承直径 d 的关系为 $\dfrac{B}{d}>1.5$ 时,如果轴的刚度较小、同心度较难保证或由于两轴承安装机架刚性不同,都会造成轴与轴瓦端部的局部接触,使轴瓦局部严重磨损从而导致轴承过早破坏,如图 11-6(a)所示。为防止这种情况发生,将轴瓦与轴承应配合的表面做成球面,能自动适应轴或机架工作时的变形造成轴颈与轴瓦不同轴线的情况,避免出现局部接触,称为调心轴承,如图 11-6(b)所示。调心式轴承的结构特点,能适应轴在弯曲变形时产生的倾斜。

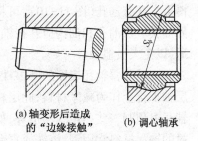

(a)轴变形后造成
的“边缘接触”

(b) 调心轴承

图 11-6 调心式滑动轴承

4.止推滑动轴承

推力滑动轴承用于承受轴向载荷。如图 11-7 所示为一简单的推力轴承结构,它由轴承座、套筒、径向轴瓦、止推轴瓦等所组成。

为了便于对中,止推轴瓦底部制成球面形式,并用销钉来防止它随轴颈转动,润滑油从底部进入,上部流出。

其最简单结构如图 11-8(a)所示,多用于低速轻载的场合。

由于工作面上相对滑动速度不等,越靠近边缘处相对滑动速度越大,磨损越严重,会造成工作面上压强分布不均匀,相对滑动端面通常采用环状端面。

当载荷较大时,可采用多环轴颈,如图 11-8(b)所示,这种结构能够承受双向轴向载荷。

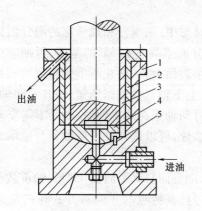

图 11-7　止推滑动轴承结构
1—轴承座;2—套筒;3—径向轴瓦;
4—止推轴瓦;5—销钉

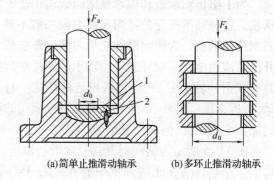

(a)简单止推滑动轴承　　　(b)多环止推滑动轴承
图 11-8　止推滑动轴承

四、轴瓦的结构和材料

轴瓦(轴套)是滑动轴承中直接与轴颈接触的零件,它的结构和材料对轴承的性能有直接影响,并且直接影响轴承的寿命、效率和承载能力。

1.轴瓦的结构

整体式滑动轴承的轴瓦常采用圆筒形轴套〔图 11-9(a)〕,对开式滑动轴承的轴瓦则采用对开式轴瓦〔图11-9(b)〕。它们的工作表面既是承载面,又是摩擦表面。轴瓦两端的凸肩用以防止轴瓦的轴向窜动,并能承受一定的轴向载荷。

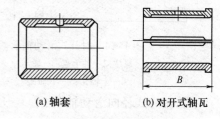

(a) 轴套　　　(b) 对开式轴瓦
图 11-9　轴瓦

为引入和均匀分布润滑油,轴瓦内壁上开有油槽,油槽上方开有油孔(图 11-10),可将润滑油引入轴颈和轴瓦间的摩擦表面,使之建立起必要的边界油膜。供油孔和油沟应开在轴瓦的非承载区,否则会降低油膜的承载能力;并不得与端部接通,以免大量泄油。

为了改善轴瓦表面的摩擦性能,提高相对滑动速度和承载能力,常在轴瓦的内表面浇铸一层轴承合金作为减摩材料,此层材料称为轴承衬。为使轴承衬牢固地贴附在轴瓦内表面,常在轴瓦上预制一些燕尾式沟槽等,如图 11-11 所示。没有轴承衬的轴瓦材料常用青铜,有轴承衬的轴瓦材料常用钢、铸铁或青铜。

2.轴瓦材料的要求

滑动轴承座一般都采用铸铁,这是由于铸铁减震性良好,而且铸造性、切削性也较好。在受力较大或有冲击震动场合可采用低碳钢锻造、焊接结构或球墨铸铁铸造。

轴瓦是滑动轴承最重要的零件,对材料有较高要求。由于非液体摩擦滑动轴承工作时轴瓦与轴颈直接接触并有相对运动,故常见的失效形式是磨损、胶合和疲劳破坏。因此,对轴瓦材料的主要要求是：

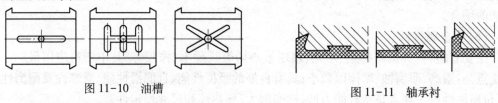

图 11-10 油槽   图 11-11 轴承衬

（1）足够的抗压强度和疲劳强度；

（2）低摩擦系数，良好的耐磨性、抗胶合性、跑合性、嵌藏性和顺应性；

（3）热膨胀系数小，良好的导热性和润滑性能以及耐腐蚀性；

（4）良好的工艺性和经济性。

3.常用的轴瓦、轴承衬材料

（1）轴承合金

轴承合金是锡、铅、锑、铜的合金，常用的有锡基和铁基两种，其内含有锑锡（Sb-Sn）或铜锡（Cu-Sn）的硬晶粒。硬晶粒起抗磨作用，软基体则增加材料的塑性。这种材料的减摩性、抗胶合性、嵌入性、摩擦顺应性、磨合性和塑性好。但强度低，不能单独制作轴瓦，只能黏附在青铜、钢或铸铁轴瓦上作轴承衬；价格贵。轴承合金适用于重载、中高速场合。

（2）青铜

青铜强度高，承载能力大，有较好的减磨性和耐磨性，导热性好，可在较高温度下工作。青铜有锡青铜、铅青铜和铝青铜等几种，其中锡青铜的减摩性和耐磨性最好，应用广泛。但锡青铜比轴承合金硬度高，磨合性及嵌入性差，适用于重载及中速场合。铅青铜抗胶合能力强，适用于高速、重载轴承。铝青铜的强度及硬度较高，抗胶合能力较差，适用于低速重载轴承。青铜塑性差，不易磨合，与之相配的轴颈需淬硬磨光。

（3）铝基轴承合金

铝基轴承合金获得了广泛的应用。它有相当好的耐蚀性和较高的疲劳强度，摩擦性也较好。这些性能使铝基轴承合金在部分领域取代了较贵的轴承合金和青铜。铝基轴承合金可以制成单金属零件（如轴套、轴承等），也可以制成双金属零件，双金属轴瓦以铝基轴承合金为轴承衬，以钢作衬背。

（4）灰铸铁和耐磨铸铁

普通灰铸铁或加有镍、铬、钛等合金成分的耐磨灰铸铁，或者是球墨铸铁，都可以用作轴承材料。这类材料中的片状或球状石墨在材料表面上覆盖后，可以形成一层起润滑作用的石墨层，具有一定的减摩性和耐磨性。此外石墨能吸附碳氢化合物，有助于提高边界润滑性能，故采用灰铸铁作轴承材料时应加润滑油。由于铸铁性脆、磨合性能差，故只适用于轻载低速和不受冲击载荷的场合。

（5）粉末冶金

用金属粉末烧结而成，具有多孔性结构，孔隙中能吸入并储存大量润滑油，它具有自润滑性，因而通常把这种材料制成的轴承称为含油轴承。工作时，孔隙中的润滑油通过轴转动的抽吸和受热膨胀的作用，能自动进入滑动表面起润滑作用。轴停止运转时，油又自动吸回孔隙中被储存起来。故在相当长的时间内，即使不加油仍能很好地工作。如果定期给以供油，则使用效果更好。常用的含油轴承有铁-石墨和青铜-石墨两种。铁-石墨常用来制作磨粉机轴套、机床油泵衬套、内燃机凸轮轴衬套；青铜-石墨常用来制作电唱机、电风扇、纺织机械及汽车发电机的轴承。粉末冶金的价格低廉、耐磨性好,但韧性差。适用于低速、轻载、加油困难或要求清洁的场合。

(6)非金属材料

主要有塑料(如酚醛树脂、尼龙、聚四氟乙烯等)、硬木、橡胶等,其中塑料应用最广。塑料的优点是:耐磨、耐腐蚀、摩擦因数小;具有良好的吸振性能、自润滑性能、减摩性及耐磨性比较好、抗腐蚀性好。缺点是承载能力低,热变形大,导热性和尺寸稳定性差。

五、滑动轴承润滑和润滑装置

一般运动副(包括轴承等)润滑的目的在于减小摩擦,降低磨损,提高轴承效率,同时还有冷却散热、缓冲吸振、密封和防锈的作用。因此,润滑对于机器的工作能力、传动效率、使用寿命有重大的影响。机器在没有润滑的状态下,是不能工作的。要达到润滑的目的,必须选择合适的润滑剂及合理的润滑方式。

1.润滑剂的选择

润滑剂分为润滑油、润滑脂和固体润滑剂三类。

(1)润滑油

润滑油是滑动轴承中应用最广的润滑剂,多为矿物油。

润滑油最重要的物理性能是黏度,它也是选择润滑油的主要依据。黏度是液体流动的内摩擦性能,黏度越大,内摩擦阻力越大,液体的流动性越差。黏度的大小可用动力黏度(又称绝对黏度)或运动黏度来表示。润滑油的选择原则是:轻载、高速、低温应选用黏度较小的润滑油;重载、低速、高温时选用黏度较大的润滑油。精确选用时可查阅相关手册或资料。

(2)润滑脂

润滑脂是在润滑油中添加稠化剂(如钙、钠、铝、锂等金属)后形成的胶状润滑剂。因为它稠度大,不易流失,所以承载能力较大;但它的物理、化学性质不如润滑油稳定,摩擦功耗也大,故不宜在温度变化大和高速条件下使用(轴承相对滑动速度低于 2 m/s 或不便用润滑油的场合使用)。适用于低速、载荷大、不经常加油的场合。

目前使用最多的是钙基润滑脂,它有耐水性,常用于 60 ℃ 以下的各种机械设备中的轴承润滑。钠基润滑脂可用于 115~145 ℃ 以下,但抗水性较差。锂基润滑脂性能优良,抗水性好,在-20~150 ℃ 范围内广泛使用,可以代替钙基、钠基润滑脂。

(3)固体润滑剂

常用的固体润滑剂有石墨和二硫化钼。在滑动轴承中主要以粉剂加入润滑油或润滑脂中,用于提高其润滑性能,减少摩擦损失,提高轴承使用寿命。尤其高温、重载下工作的轴承,采用添加二硫化钼的润滑剂,能获得良好的润滑效果。

2.润滑方式的选择

滑动轴承的润滑有连续供油和间歇供油两种方式,间歇式供油只能用于低速、轻载的轴承,对较重要的轴承应采用连续式供油。常用的供油方式及润滑装置有以下几种。

(1)润滑脂油杯润滑

润滑脂只能间歇供给。常用的装置如图 11-12 所示的旋盖式油杯和压注式油杯。旋盖式油杯靠旋紧杯盖将杯内润滑脂压入轴承工作面;压注式油杯靠油枪压注润滑脂至轴承工作面。主要用于低速、轻载场合。

(2)油杯滴油润滑

　　它是依靠油的自重通过润滑装置向润滑部位滴油进行润滑,是润滑油的一种润滑方式。图11-13(a)为针阀油杯,当手柄卧倒时阀口封闭;当手柄直立时,阀口开启,润滑油即流入轴承。针阀油杯可调节滴油速度以改变供油量。图11-13(b)为芯捻油杯,利用毛细管作用,由油芯把润滑油不断地滴入轴承。滴油润滑使用方便,但给油量不易控制,振动、温度的变化以及油面的高低,都会影响给油量,一般只用于非液体摩擦滑动轴承。

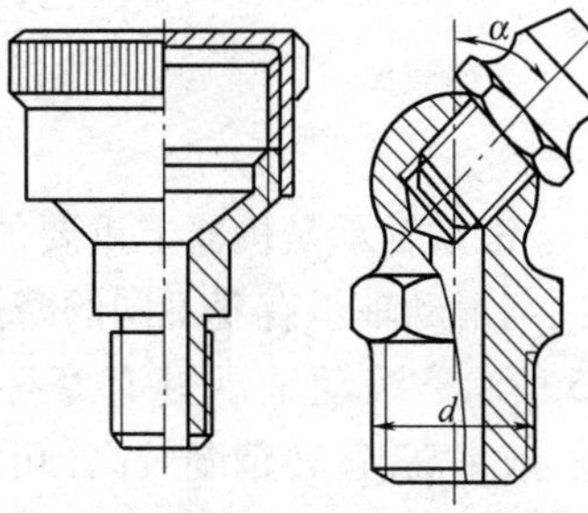

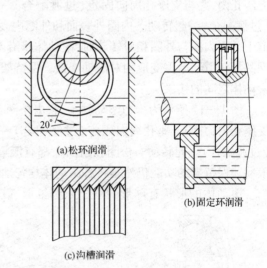

(a)旋盖式油杯　　(b)压注式油杯

图11-12　润滑脂油杯润滑

　　(3)飞溅润滑和油环润滑

　　飞溅润滑是润滑油润滑的主要方式,可以形成连续供油。如减速器、内燃机等机械中的轴承润滑。它是利用转动零件将油池中的润滑油带起直接溅到轴承上;或是飞溅到箱体壁,汇集到油沟内,流入轴承工作面进行润滑。

　　甩油环根据安装特点分为松环和固定环两种,如图11-14所示。

　　松环是指油环松套在轴上,并下垂浸到油池里,如图11-14(a)所示。靠摩擦力带动油环转动,将附着在油环上的油溅到箱体壁上,然后经油沟导入轴承或直接甩到轴承工作面上进行润滑。如果在油环的内表面上开出窄的沟槽,如图11-14(c)所示,供油量会明显增大,轴的温度也会明显降低。松环适用于$v \leqslant 20$ m/s,运转比较平稳的轴承。

　　油环通过紧固螺钉或其他方式固定在轴上,称为固定环,如图11-14(b)所示。这种结构主要用于低速,通常$v \leqslant 13$ m/s范围内使用。

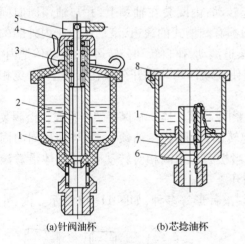

(a)针阀油杯　　　(b)芯捻油杯

图11-13　油杯滴油润滑装置

1—杯体;2—针阀;3—弹簧;4—调节螺母;
5—手柄;6—油芯;7—接头;8—杯盖

(a)松环润滑

(c)沟槽润滑

(b)固定环润滑

图11-14　飞溅润滑装置

　　飞溅润滑和油环润滑结构简单,供油充分,维护方便,但轴的转速不能太高或太低。适用于水平轴。

　　(4)压力循环润滑

　　压力循环润滑是一种强制润滑方法,利用油泵以一定的工作压力将油通过油管送到各润滑部位。润滑油经润滑部位流回油池,构成循环润滑。其供油量可调节,能保证连续供油,润滑可靠,并有冷却和冲洗轴承的作用。但结构较复杂,费用较高。广泛应用与重载、高速和载荷变化较大的场合。如大型高速的精密自动化机械设备上。

第二节　滚动轴承

滚动轴承是机器上重要的通用部件。它依靠主要元件间的滚动摩擦接触来支承转动零件，与滑动轴承有着不同的摩擦性质，如图11-15所示。滚动轴承具有摩擦阻力小、启动灵敏、效率高、运转精度较高(可用预紧方法消除游隙)、轴向尺寸小、润滑简便、易于互换、维护方便等优点，某些轴能同时承受轴向载荷和径向载荷，使机器结构紧凑；而且由于大量标准化生产，具有制造成本低的优点。因而在各种机械中得到了广泛的使用。但滚动轴承也有承受冲击载荷能力差；高速时噪声、振动较大；高速重载寿命较低；径向尺寸较大(相对于滑动轴承)等不足。

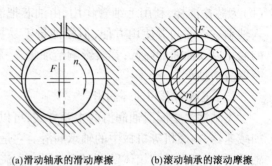

(a)滑动轴承的滑动摩擦　　(b)滚动轴承的滚动摩擦

图 11-15　轴承的摩擦

一、滚动轴承构造

滚动轴承是一个组合标准件。

图11-16所示为向心滚动轴承，它由外圈1、内圈2、滚动体3和保持架4组成。外圈装在支座孔内，并与支座孔周向固定(过渡配合)一起转动；内圈装在轴颈上，并与轴颈周向固定(过渡配合)一起转动。内圈外表面和外圈内表面都有凹槽式的滚道，滚动体位于内外圈的滚道上。当内圈与外圈相对转动时，滚动体将沿着滚道滚动，作自转和公转运动，滚动体把内、外圈的相对滑动摩擦变成相对滚动摩擦。保持架将使滚动体均匀隔开分布在圆周上，避免相邻滚动体之间的接触。

图11-17所示为推力滚动轴承，它由松圈1、紧圈2、滚动体3和保持架4组成。松圈装在支座孔内，并与支座孔周向固定(过渡配合)一起转动；紧圈装在轴颈上，并与轴颈周向固定(过渡配合)一起转动。松圈和紧圈上都有滚道，当松圈与紧圈相对转动时，滚动体沿着滚道滚动。保持架的功能仍然是将各滚动体均匀地隔开。

滚动体的形状有球形、圆柱形、圆锥形、鼓形、滚针形等多种，如图11-18所示。内、外、

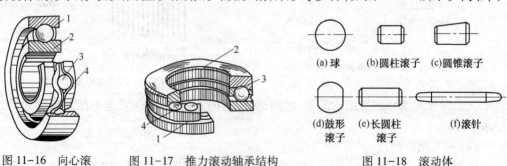

图 11-16　向心滚动轴承结构

1—外圈；2—内圈；
3—滚动体；4—保持架

图 11-17　推力滚动轴承结构

1—松圈；2—紧圈；
3—滚动体；4—保持架

图 11-18　滚动体

(a)球　(b)圆柱滚子　(c)圆锥滚子

(d)鼓形滚子　(e)长圆柱滚子　(f)滚针

松、紧圈统称为套圈。滚动轴承可以没有套圈或保持架,但必须有滚动体。

二、滚动轴承的结构特性

1.公称接触角 α

滚动体和外圈接触处的法线 nn 与轴承的端面(垂直于轴承轴心线的平面)的夹角 α(图 11-19),称为公称接触角。α 越大,滚动轴承承受轴向载荷的能力越大。

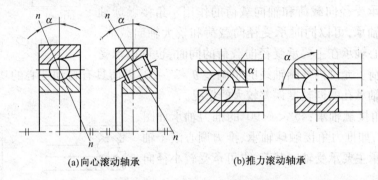

(a)向心滚动轴承　　　　(b)推力滚动轴承

图 11-19　滚动轴承公称接触角

2.游隙

滚动体和内、外圈之间存在一定的间隙,因此,内、外圈之间可以产生相对位移。其最大位移量称为游隙,径向的移动量称为径向游隙,轴向的移动量称为轴向游隙(图 11-20)。游隙的大小对轴承寿命、噪声、温升等有较大影响,应按使用要求进行游隙的选择或调整。

3.角偏差 θ

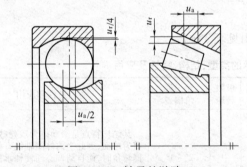

图 11-20　轴承的游隙

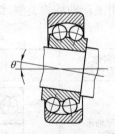

图 11-21　角偏差

轴承由于安装误差或轴的变形等都会引起内外圈中心线发生相对倾斜,轴承内、外圈轴线相对倾斜时所夹锐角,称为角偏差 θ(图 11-21)。角偏差 θ 越大,对轴承正常运转影响越大。能自动适应角倾斜的轴承,称为调心轴承。

4.轴承的转速

滚动轴承转速过高,温度升高,润滑边界油膜失效,滚动轴承易产生胶合破坏。

滚动轴承都有极限转速,它是滚动轴承在一定载荷与润滑条件下,允许的最高转速。

三、滚动轴承的类型及特性

1.按滚动轴承承受载荷方向分类

(1)径向接触轴承:$\alpha=0°$的向心轴承如图 11-22(a)所示。如深沟球轴承、圆柱滚子轴承和滚针轴承等。这类轴承主要承受径向载荷,有时可承受较小的轴向载荷。其中深沟球轴承除了主要承受径向载荷外,同时还可以承受一定的轴向载荷(双向),与尺寸相同的其他轴承相比,深沟球轴承具有摩擦因数小、极限转速高的优点,并且价格低廉,故获得了广泛的应用。

（2）向心角接触轴承:$0°<\alpha\leq45°$的向心轴承如图 11-22（b）所示,如角接触球轴承、圆锥滚子轴承、调心轴承等。这类轴承能够同时承受径向载荷和轴向载荷的作用。角接触球轴承和圆锥滚子轴承,可以同时承受径向载荷和较大轴向载荷,应用广泛。调心轴承在主要承受径向载荷的同时,也可以承受

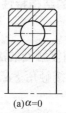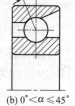

(a)$\alpha=0$　　(b) $0°<\alpha\leq45°$

图 11-22　向心轴承

不大的轴向载荷。允许内外圈轴线的角偏差 $\theta=2°\sim3°$,因而具有自动调心的功能,可以适应轴的挠曲和两轴承孔的同轴度误差较大的情况。

（3）推力角接触轴承:$45°<\alpha<90°$的推力轴承如图 11-23（a）所示,如推力角接触球轴承、推力调心滚子轴承等。这类轴承主要承受轴向载荷,也可承受较小径向载荷。

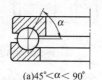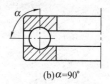

(a)$45°<\alpha<90°$　　(b)$\alpha=90°$

图 11-23　推力轴承

（4）轴向接触轴承:$\alpha=90°$推力轴承如图 11-23（b）所示,如推力球轴承、推力圆柱滚子轴承等。这类轴承只能承受轴向载荷。按照承受单向轴向力和双向轴向力可以分为单列和双列推力轴承。

2.其他分类

按滚动形状分有球轴承和滚子轴承(图 11-18)。

按轴承中滚动体的列数分有单列和双列之分。

3.滚动轴承的类型、结构、特性及应用

常用滚动轴承的类型、结构、特性及应用见表 11-1。

表 11-1　滚动轴承的类型、结构、特性及应用

轴承名称、类型及代号	结构简图	承载方向	极限转速	允许角偏差	主要特性和应用
调心球轴承 10000	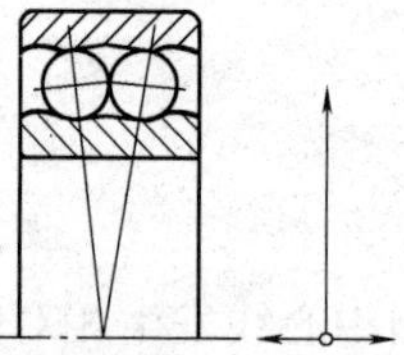		中	$2°\sim3°$	其结构特点是滚动体为双列球,外圈滚道为球面,因此当内外圈轴线有较大相对偏转角时,能自动调心而使轴承保持正常工作,这类轴承主要承受径向载荷,也能承受较小的双向轴向载荷
调心滚子轴承 20000C	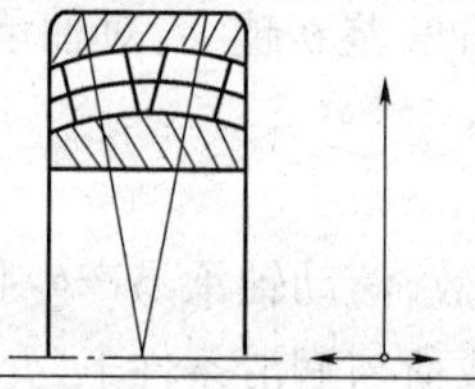		低	$0.5°\sim2°$ 比 10000 小	滚动体是双列球面滚子,外圈滚道为球面,因此具有自动调心作用。性能同调心球轴承,比调心球轴承承受载荷的能力大、价格贵、极限转速低
推力调心滚子轴承 29000	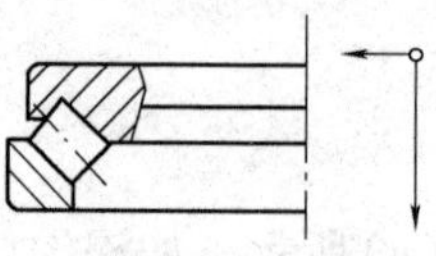		中	$0.5°\sim2°$	滚子为球面型,由于座圈滚道成球面型结构,因此具有调心性能。该类轴承的轴向负荷能力非常大,在承受轴向负荷的同时还可以承受不超过轴向负荷55%的径向负荷,对同轴度和轴的挠曲变形不甚敏感。用于水力发电机、立式电机、船用螺旋桨轴等

续上表

轴承名称、类型及代号	结构简图	承载方向	极限转速	允许角偏差	主要特性和应用
圆锥滚子轴承 30000	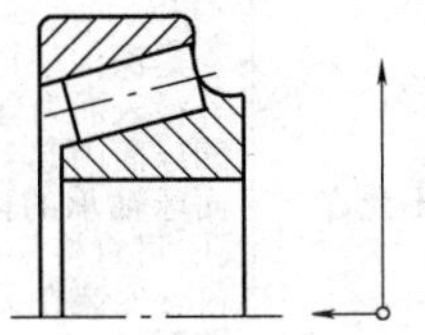	中		2′	能同时承受较大的径向、轴向联合载荷。性能同角接触球轴承，因系线性接触，承载能力大。内外圈何分离，装拆方便，且便于调整轴承游隙。这类轴承应成对使用
双列深沟球轴承 4200A	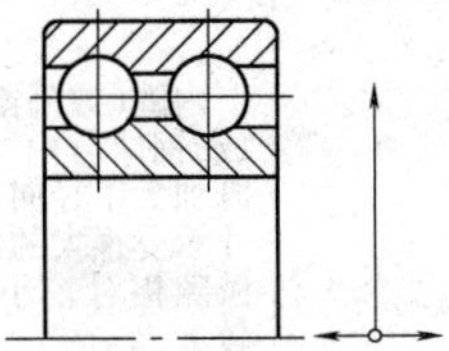	较高		5′~8′	双列深沟球轴承除具备高于单列深沟球轴承 1.62 倍的径向承载能力外，还可承受轴向载荷
推力球轴承 51000	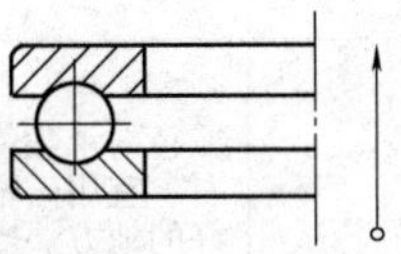	低		不允许	只能承受单向轴向载荷，不能承受径向载荷，极限转速也较低。推力轴承的套圈不分内圈外圈，称轴圈和座圈。轴圈与轴紧配合并一起旋转，座圈的内径应与轴保持一定间隙，置于机座中。轴圈和座圈与滚动体是分离的
双列推力球轴承 52000	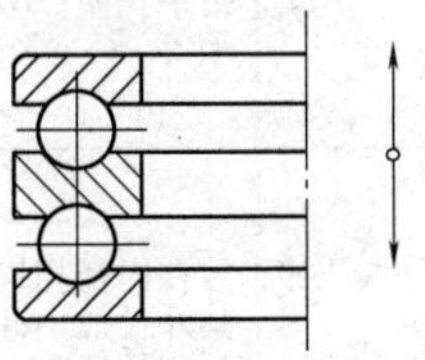	低		不允许	性能同单列推力球轴承，可承受双向轴向载荷
深沟球轴承 60000	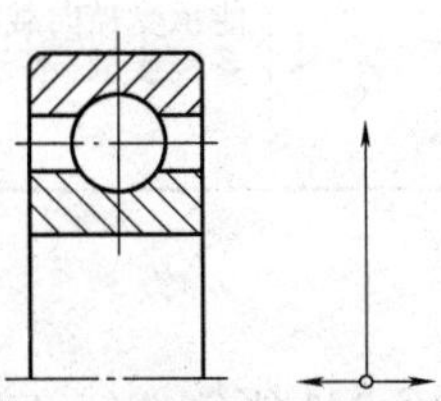	高		8′~16′	主要承受径向载荷，也能承受一定的双向轴向载荷，极限转速较高，在转速高而不宜用推力轴承时可用于承受纯轴向载荷。结构紧凑，重量轻，价格低，是应用最为广泛的一种轴承
角接触球轴承 70000C(α=15°) 70000AC(α=25°) 70000B(α=40°)	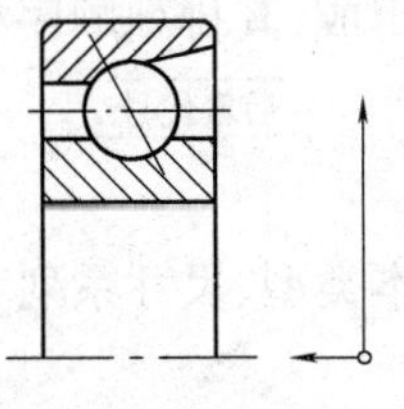	较高		2′~10′	能同时承受较大的径向、轴向联合载荷。接触角愈大承载能力越大，有三种规格。这类轴承应成对使用
推力圆柱滚子轴承 80000	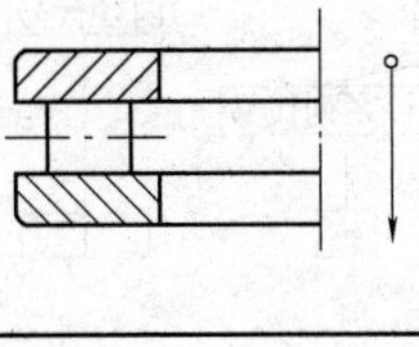	低		不允许	能承受很大的单向轴向载荷

续上表

轴承名称、类型及代号	结构简图	承载方向	极限转速	允许角偏差	主要特性和应用
外球面球轴承 U0000	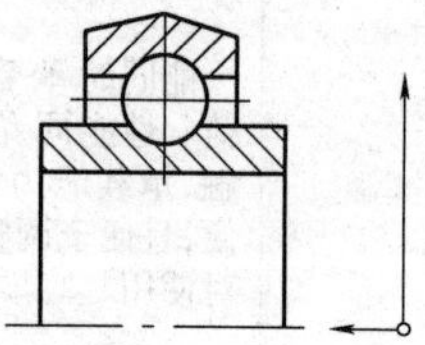	低		不允许	是深沟球轴承的变形,特点是它的外圈外径表面为球面,可以配入轴承座相应的凹球面内起到调心的作用。圆锥孔外球面球轴承的内孔为带1:12锥度的圆锥孔,可直接安装在锥形轴上,或借助紧定衬套安装在无轴肩光轴上,并可微调轴承游隙
四点接触球轴承 QJ0000	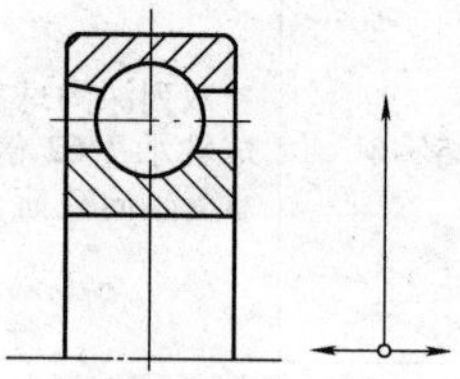	高			内圈(或外圈)由两个半圈精确拼配而成,钢球与内、外圈在四个"点"上接触,既加大了径向负荷能力,又能以紧凑的尺寸承受很大的两个方向的轴向负荷,轴向游隙相对较小,接触角(一般取为35°)较大
圆柱滚子轴承 N0000		较高	2'~4'		径向承载能力是深沟球轴承的2倍左右。宜用于轴的刚度较高、轴和孔对中良好的地方。当内圈或外圈无挡边时,轴可作轴向游动。其他结构有内圈无挡边(NU)、外圈单挡边(NF)、内圈单挡边并带平挡圈(NUP)、双列(NN)圆柱滚子轴承等
滚针轴承 (a)NA0000 (b)RNA0000	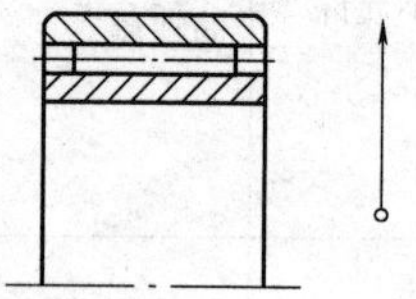	低		不允许	在内径相同条件下,和其他轴承相比,其外径最小,因此特别适用在径向尺寸受限制的场合。一般无保持架,因而滚针间有摩擦;有些无内圈或外圈。这类轴承只能承受径向载荷,不能承受轴向载荷。因系线接触,不允许有轴线偏转角

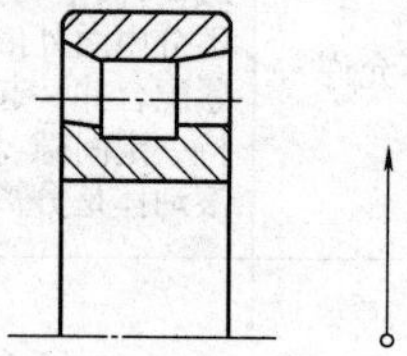

四、滚动轴承的代号

为了表示各类滚动轴承的结构、尺寸、公差等级、技术性能等特征,国家规定了滚动轴承代号。滚动轴承代号由基本代号、前置代号和后置代号组成,其排列顺序如下:

前置代号　　基本代号　　后置代号

1.基本代号

基本代号是轴承代号的基础,用来表示轴承的基本类型、尺寸系列和内径。基本代号由三部分组成,其排列顺序如下。

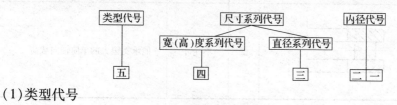

(1)类型代号

类型代号用阿拉伯数字(以下简称数字)或大写拉丁字母(简称字母)表示轴承的类型,位于基本代号的最左边,见表11-2。个别情况下可以省略。

表11-2 滚动轴承类型代号

代 号	轴 承 类 型	代 号	轴 承 类 型
0	双列角接触球轴承	7	角接触球轴承
1	调心球轴承	8	推力圆柱滚子轴承
2	调心滚子轴承和推力调心滚子轴承	N	圆柱滚子轴承
3	圆锥滚子轴承		双列或多列用字母NN
4	双列深沟球轴承	U	外球面球轴承
5	推力球轴承	QJ	四点接触球轴承
6	深沟球轴承		

(2)内径代号

内径代号是用两位数字表示轴承的内径,位于基本代号最右边的一、二位数字表示轴承内径尺寸,表示方法见表11-3。

表11-3 轴承内径代号

轴承内径 d(mm)		内 径 代 号	示 例
$d \leqslant 10$ $d = 22$、$d = 28$、$d = 32$ $d \geqslant 500$		用公称内径毫米数直接表示,在其与尺寸系列代号之间用"/"分开	深沟球辆承 618/2.5 $d = 2.5$ mm 深沟球轴承 62/22 $d = 22$ mm 调心球轴承 1230/500 $d = 500$ mm
$10 \leqslant d \leqslant 17$	10	00	深沟球轴承 6200 $d = 10$ mm
	12	01	
	15	02	
	17	03	
$20 \leqslant d \leqslant 480$		分称内径除以5的商数,不足两位前面补0,即用04~96表示	调心滚子轴承 23208 $d = 40$ mm

(3)尺寸系列代号

尺寸系列代号是用两位数字表示轴承的尺寸,位于基本代号中间。尺寸系列代号由直径系列代号和宽(推力轴承为高)度系列组合而成。滚动轴承的尺寸系列代号见表11-4。

直径系列表示相同内径的轴承,由于滚动体大小不同,引起轴承在外径和宽度上的变化系列,用基本代号右起第三位数字表示(滚动体尺寸随之增大)。即按7、8、9、0、1、……5顺序外径尺寸增大,如图11-24所示。

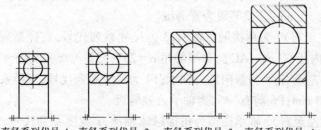

直径系列代号:1　直径系列代号:2　直径系列代号:3　直径系列代号:4

图 11-24 滚动轴承直径系列代号

宽(高)度系列表示内径、外径相同而宽(高)度不同的尺寸系列,用右起第四位数字表示。对于向心轴承是结构、内径和外径都相同,而宽度为一系列不同尺寸,宽度依8、0、1……6次序递增;对于推力轴承是结构、内径和外径都相同,而高度为一系列不同尺寸,高度依7、9、1、2顺序递增。当宽度系列为0系列时,对多数轴承在代号中可以不予标出(但对调心轴承需要标出)。

表 11-4　尺寸系列代号

直径系列		向 心 轴 承								推 力 轴 承			
		宽度系列代号								高度系列代号			
		8	0	1	2	3	4	5	6	7	9	1	2
		宽度尺寸依次递增→								高度尺寸依次递增→			
		尺　寸　系　列　代　号											
外径尺寸依次递增	7	—	—	17	—	37	—	—	—	—	—	—	—
	8	—	08	18	28	38	48	58	68	—	—	—	—
	9	—	09	19	29	39	49	59	69	—	—	—	—
	0	—	00	10	20	30	40	50	60	70	90	10	—
	1	—	01	11	21	31	41	51	61	71	91	11	—
	2	82	02	12	22	32	42	52	62	72	92	12	22
	3	83	03	13	23	33	—	—	—	73	93	13	23
	4	—	04	—	24	—	—	—	—	74	94	14	24
	5	—	—	—	—	—	—	—	—	—	95	—	—

注:表中"—"表示不存在此种组合。

2.前置和后置代号

前置代号表示成套轴承分部件,在基本代号的前面用字母表示;后置代号是表示轴承在结构形状、尺寸公差、技术要求等方面的改变,在基本代号的后面用字母或字母加数字表示,为补充说明代号,如后置代号有:

轴承内部结构:如 C、AC、B 分别表示内部接触角 $\alpha=15°$、$25°$、$40°$;

轴承公差等级:其精度顺序为/P0、/P6、/P6X、/P5、/P4、/P2,其中/P2 级为高精度,/P0级为普通级,不标出;

轴承游隙:/C1、/C2、/C0、/C3、/C4、/C5,依次递增,/C0 为常用的基本组,不标出。

例 11-1　试说明轴承代号 6206、7312AC、51410/P6 及 71908/P5 的含义。

解　6206:(从左至右)6 深沟球轴承;2 尺寸系列代号,直径系列为 2,宽度系列为 0(省略);06 为轴承内径 30 mm;公差等级为普通级。

7312AC:(从左至右)7 为角接触球轴承;3 为尺寸系列代号,直径系列为 3,宽度系列为 0(省略);12 为轴承内径 60 mm;AC 公称接触角 $\alpha=25°$;公差等级为 0 级。

51410/P6:(从左至右)5 为双向推力轴承;14 为尺寸系列代号,直径系列为 4,宽度系列为 1;10 为轴承直径 50 mm;P6 前有"/",为轴承公差等级。

71908/P5:(从左至右)7 轴承类型为角接触球轴承,1 宽度系列代号,9 直径系列代号,08 为内径 40 mm,P5 公差等级为 5 级。

五、滚动轴承类型选择

选择轴承类型应考虑以下的因素及原则。

1.轴承所受的载荷(大小、方向和性质)

(1)根据滚动轴承受到载荷方向

① 受纯径向载荷。受纯径向载荷时应选用向心轴承。如选深沟球轴承(60000 型)、圆柱滚子轴承(N0000、NU0000 型)、滚针轴承等。

② 受纯轴向载荷。受纯轴向载荷应选用推力轴承,如滚动轴承承受单向轴向载荷可选推力球轴承(51000 型);滚动轴承承受双向轴向载荷选推力球轴承(52000 型);轴向载荷较大时选用推力圆柱滚子轴承(80000 型)或深沟球轴承(转速高、载荷小时用)。

③ 同时受径向载荷与轴向载荷作用。径向载荷较大,轴向载荷较小时,选深沟球轴承(60000 型)、接触角不大的角接触球轴承(70000C 型)、圆锥滚子轴承(30000 型)。

径向载荷和轴向载荷均较大时,选接触角较大的角接触球轴承(70000AC 或 70000B 型)、圆锥滚子轴承(30000 型)。

轴向载荷较大,径向载荷较小时,选深沟球轴承和推力球轴承的组合或推力角接触轴承(20000 型)。

(2)根据载荷的大小及性质

在同样外廓尺寸的条件下,滚子轴承比球轴承的承载能力和抗冲击能力大。轻载和要求旋转精度较高的场合应选择球轴承;载荷较大、有振动和冲击时,应选用滚子轴承。同样类型内径一样的轴承,滚动体越大承载能力越大。

2.轴承转速的高低

一般必须保证轴承在低于极限转速条件下工作。

(1)球轴承比滚子轴承的极限转速高,所以在高速情况下应选择球轴承。

(2)当轴承内径相同,外径越小则滚动体越小,产生的离心力越小,对外径滚道的作用也小,即外径越大极限转速越低。

(3)实体保持架比冲压保持架允许有较高的转速。

(4)推力轴承的极限转速低,当工作转速较高而轴向载荷较小时,可以采用角接触球轴承或深沟球轴承。

3.调心性能的要求

对于因支点跨距大使轴刚性较差,或轴承轴的中心线与轴承座孔中心线有角度误差、同轴度误差(制造与安装造成误差)以及多支点轴等,都会造成轴承的内、外圈轴线发生偏斜,为了适应轴的变形,应选用允许内外圈有较大相对偏斜的调心球轴承、调心滚子轴承、推力调心轴承、外球面球轴承。如选 10000 型和 20000 型的调心球轴承。

对刚度要求较大的轴系,宜选用双列球轴承,如双列深沟球轴承、双列角接触球轴承等,或选用滚子轴承,如圆柱滚子轴承、滚针轴承、圆锥滚子轴承等,或选用四点接触球轴承;载荷特大或有较大冲击力时,可在同支点上采用双列(或多列)滚子轴承。

在使用调心轴承的轴上,一般不宜使用其他类型的轴承,以免受其影响而失去了调心作用。滚子轴承对轴线的偏斜最敏感,调心性能差。在轴的刚度和轴承座的支撑刚度较低的情况下,应尽可能避免使用。

4.其他因素

选择轴承类型时,还应考虑到轴承装拆的方便性、安装空间尺寸的限制以及经济性问题。例如,在轴承的径向尺寸受到限制的时候,应选择同一类型、相同内径轴承的外径较小轴承,或考虑选用滚针轴承。

在轴承座没有剖分面而必须沿轴向安装和拆卸时,应优先选内、外圈可分离的轴承。

球轴承比滚子轴承便宜,在能满足需要的情况下应优先选用球轴承。

同型号不同公差等级的轴承价格相差很大,故对高精度轴承应慎重选用。

例 11-2 滚动轴承类型选择示例:

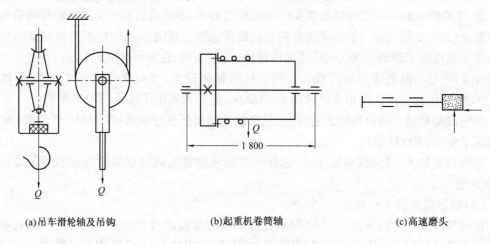

(a)吊车滑轮轴及吊钩   (b)起重机卷筒轴   (c)高速磨头

图 11-25　轴承类型选择示例

(1)吊车滑轮轴及吊钩[图 11-25(a)],起重量 $Q = 5 \times 10^4$ N。

解　滑轮轴轴承承受较大的径向载荷,转速低,考虑结构选用一对深沟球轴承(6类)。吊钩轴承承受较大的单向轴向载荷,摆动,选用一套推力球轴承(5类)。

(2)起重机卷筒轴[图 11-25(b)],起重量 $Q = 3 \times 10^5$ N,转速 $n = 30$ r/min,动力由直齿圆柱齿轮输入。

解　承受较大的径向载荷,转速低,支点跨距大;轴承座分别安装,对中性较差,轴承内、外圈间可能产生较大的角偏斜,选用一对调心滚子轴承(2类)。

(3)高速内圆磨磨头[图 11-25(c)],转速 $n = 18\ 000$ r/min。

解　同时承受较小的径向和轴向载荷,转速高,要求回转精度高,选用一对公差等级为 P5 的角接触球轴承。

六、滚动轴承失效形式和设计准则

滚动轴承的寿命计算就是对于已选定具体型号的轴承,求在给定载荷下不发生点蚀的使用期限,即寿命计算。而滚动轴承的使用寿命与滚动轴承的受力情况和失效形式有关。

1.失效形式

(1)疲劳点蚀

滚动轴承各元件的表面接触应力是脉动循环变化的,在这样的接触应力作用下,当应力和循环次数达到一定数值时,轴承工作表面产生微小的裂纹并逐步扩展蔓延,使金属表层出现麻点状的金属表面剥落现象,形成疲劳点蚀。疲劳点蚀使滚动轴承产生振动、噪声和发热现象,旋转精度下降,最后导致轴承失效而不能正常工作,是一般滚动轴承的主要失效形式。

（2）塑性变形

当轴承不回转、缓慢摆动或低速转动（$n < 10$ r/min）时，一般不会产生疲劳点蚀。但过大的静载荷或冲击载荷会使套圈滚道与滚动体接触处产生较大的局部应力，当局部应力超过材料的屈服极限时将产生较大的塑性变形，从而导致轴承失效。因此对于这种工况下的轴承需作静强度计算。

（3）磨损

轴承在工作时，由于密封润滑不良，杂质和灰尘的侵入；或安装、维护、保养不当都会造成轴承严重磨损。使轴承游隙加大、产生噪声、振动、丧失旋转精度而失效。对滚动轴承的磨损和其他失效形式（如套圈断裂、滚动体破碎、保持架磨损、锈蚀压凹、烧伤、断裂等），只要滚动轴承类型选择得当，安装、润滑、密封、维护正常，都是可以防止的。实际主要以疲劳点蚀和塑性变形两类失效形式进行计算。

2.设计准则

滚动轴承的正常失效形式是点蚀破坏，对于一般转速的轴承，轴承的设计准则就是以防止疲劳点蚀失效进行疲劳强度计算，称为轴承寿命计算。

对于不转动、摆动或转速低的轴承，为防止塑性变形，以静强度计算为依据，称为轴承的静强度计算。

磨损、胶合或其他失效形式的轴承，由于影响因素复杂，目前还没有相应的计算方法，只能采取适当的预防措施。

七、滚动轴承的组合设计

为了保证轴承的正常工作，除了合理选择轴承的类型和尺寸之外，还必须进行轴承的组合设计，合理解决滚动轴承的固定、轴系的固定，轴承组合结构的调整，轴承的配合、装拆、润滑和密封等问题。

（一）滚动轴承的轴向固定

为了保证轴和轴上零件的轴向位置，防止轴承在承受载荷时，相对于轴或座孔产生轴向移动并能承受轴向力，轴承内圈与轴之间以及外圈与轴承座孔之间，均应有可靠的轴向固定。如图 11-26 所示为轴承轴向固定的常用方法。

1.轴承内圈固定

轴承内圈固定一端常用轴肩定位固定，结构简单，外廓尺寸小，可承受大的轴向载荷。

另一端则可采用圆螺母［图 11-26（a）］实现轴向固定，有止动垫圈防松，安全可靠，适于高速重载；轴用弹性挡圈［图 11-26（b）］可承受不大的轴向载荷，结构尺寸小；轴端挡板［图 11-26（c）］，承载较大，固定可靠，适于轴端。

2.轴承外圈固定

外圈在轴承孔中轴向位置的固定常用轴承端盖，分为闷盖和透盖［以通过轴的伸出端，如图 11-26（d）］；座孔的凸肩［图 11-26（d）］结构简单，可承受大的轴向载荷；孔用弹性挡圈［图 11-26（b）］结构简单，拆装方便，轴向尺寸小，适于转速不高，轴向载荷不大的场合，弹性挡圈与轴承间的调整环可调整轴承的轴向游隙；止动环［图 11-26（e）］是滚动轴承的特殊结构；外螺母［图 11-26（f）］承载大，便于调节轴承的轴向游隙，有防松措施，适于高转速。

（二）滚动轴承轴系的支承结构形式

为了保证轴在工作时的位置，防止轴的窜动，轴上零件有确定的工作位置。轴系的轴向位置必须固定。常用的固定方式有以下两种。

1.两端单向固定

此种结构适用于工作温度变化不大的短轴,如图 11-27 所示。两端的轴承都靠轴肩和轴承盖作单向固定,两个轴承的联合作用就能限制轴的双向移动。考虑到轴工作时受热膨胀,对于深沟球轴承安装时一侧轴承盖与轴承外圈之间应留有间隙 $\Delta = (0.25 \sim 0.4)\text{mm}$,如图 11-27(a)所示。对于角接触轴承应将间隙留在轴承内部,一般还要在轴承盖和机座间加调整垫片,以便调整轴承的游隙。间隙的大小可通过轴承端盖与箱体之间的调整垫片组的厚度实现,如图 11-27(b)所示。这种固定方式结构简单、便于安装、调整容易,适用于工作温度变化不大的短轴。

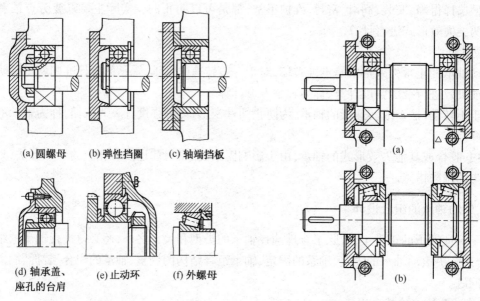

(a) 圆螺母　　(b) 弹性挡圈　　(c) 轴端挡板

(d) 轴承盖、　　(e) 止动环　　(f) 外螺母
　 座孔的台肩

图 11-26　滚动轴承的轴向固定

(a)

(b)

图 11-27　两端单向固定

2.一端固定、一端游动

当轴在工作温度较高的条件下工作或轴较长时,为弥补轴受热膨胀时的伸长,一端轴承的内、外圈作双向固定,限制了轴双向移动,称为固定端[图 11-28(b)];角接触球轴承和圆锥滚子轴承,不可能留有很大的内部间隙,应将两个同类轴承装在一端作双向固定[图 11-28(a)],游动端可用圆柱滚子轴承,当轴伸长或缩短时,轴承的内外圈做轴向游动;也可用深沟球轴承,游动端轴承外圈两侧都不固定[图 11-28(b)],当轴伸长或缩短时,外圈可在座孔内作轴向游动。这种结构比较复杂,但工作稳定性好,适用于工作温度变化较大的长轴。

(三)轴承间隙的调整

轴承间隙的大小将影响轴承的旋转精度、轴承寿命和传动零件工作的平稳性。轴承间隙调整的方法有:靠加减轴承端盖与箱体之间垫片的厚度进行调整,如图 11-29(a)所示;利用调整环进行调整,调整环的厚度在装配时确定,如图 11-29(b)所示;利用调整螺钉推动压盖移动滚动轴承外圈进行调整,调整后用螺母锁紧,如图 11-29(c)所示。

(四)滚动轴承的配合

滚动轴承的配合是指轴承内圈与轴颈、轴承外圈与轴承座孔的配合。其目的是防止工作时轴承内圈与轴颈之间、轴承外圈与轴承座孔之间产生相对转动。因滚动轴承是标准件,其内圈与轴颈的配合为基孔制,外圈与轴承座孔的配合为基轴制。

一般转动的套圈常采用过盈配合,固定的套圈常采用间隙或过渡配合。配合的松紧程度根据轴承工作载荷类型和大小、转速高低、工作温度和轴承的旋转精度等确定。转速高、载荷大、旋转精度要求高、冲击振动比较严重时应选用较紧的配合,游动支承和需经常拆卸的轴承,则应用松一些的配合。对于一般机械,轴与内圈的配合常选用 m6、k6、js6 等,外圈与轴承座孔的配合常选用 J7、H7、G7 等。

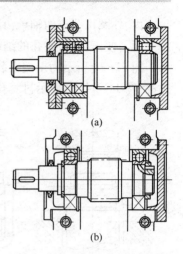

图 11-28 一端固定,一端游动

（五）轴承的安装与拆卸

安装和拆卸轴承的力应直接加在紧配合的套圈端面,不能通过滚动体传递。

1.滚动轴承的安装

由于内圈与轴的配合较紧,在安装轴承时:

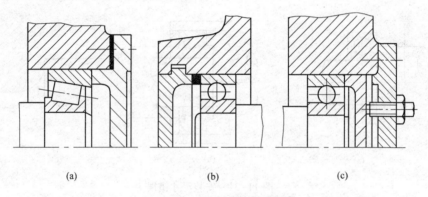

(a)   (b)   (c)

图 11-29 轴承间隙的调整

（1）对中、小型轴承,可在内圈端面加垫后,用手锤轻轻打入（图 11-30）。

（2）对尺寸较大的轴承,可在压力机上压入或把轴承放在油里加热至 80~100 ℃,然后取出套装在轴颈上。

（3）同时安装轴承的内、外圈时,须用特制的安装工具（图 11-31）。

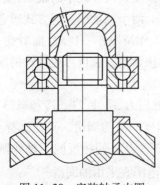

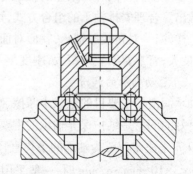

图 11-30 安装轴承内圈   图 11-31 同时安装轴承的内外圈

2.滚动轴承的拆卸

轴承的拆卸可用图 11-32 所示的方法进行。为使拆卸工具的钩头钩住内圈,应限制轴肩高度,而轴肩高度设计可查手册。

内、外圈可分离的轴承,其外圈的拆卸可用压力机、套筒或螺钉顶出,也可以用专用设备拉出。为了便于拆卸,座孔的结构一般采用图 11-33 的形式。

图 11-34 所示为未按安装尺寸要求设计轴肩和轴承衬套的错误;图 11-34(a)表示轴肩 h 过高;图 11-34(b)表示衬套孔径 d_0 过小;图 11-34(c)表示轴肩圆角半径过大。

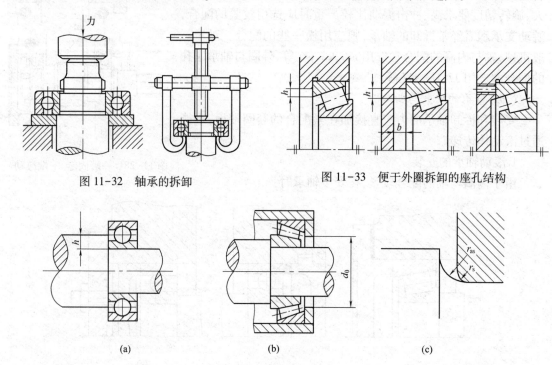

图 11-32　轴承的拆卸　　　　　　　图 11-33　便于外圈拆卸的座孔结构

(a)　　　　　　　　　　(b)　　　　　　　　　　(c)

图 11-34　安装尺寸错误

(六)滚动轴承支承部位的刚度和同轴度

为保证支承部分的刚度,轴承座孔壁应有足够的厚度,并增设加强肋以增强刚度。此外,轴承座的悬臂应尽可能缩短。为保证滚动轴承支承的同轴度,同一轴上两端的轴承座孔必须保持同心。为此,两端轴承座孔的尺寸应尽量相同,以便加工时一次镗出,减少同轴度误差。当同一轴上装有不同外径尺寸的轴承时,可采用套杯结构来安装尺寸较小的轴承,使轴承孔能一次镗出。合理安排轴承的组合方式,可以提高轴的刚度。两个轴承用不同方式组合时,刚性是不一样的,一对角接触轴承,就面对面与背靠背安装的工作情况作一比较,面对面安装跨距小,刚度大;背靠背安装跨距大,刚度小。另外对轴承进行预紧等方法也可提高轴的刚度。

(七)滚动轴承的润滑

轴承润滑的主要目的是减小摩擦、减轻磨损、降低接触应力、缓冲吸振、冷却散热、防腐蚀。保证良好的润滑是维护保养轴承的主要手段,采用润滑脂或润滑油润滑。具体选择可按速度因数 $D_m n$ 来决定(D_m 为轴承的平均直径;n 为轴承的转速)。$D_m n$ 间接反映了轴颈圆周速度,当 $D_m n < 3 \times 10^5$ mm·r/min 时,一般采用脂润滑;超过这一范围宜采用油润滑。

多数滚动轴承采用脂润滑。润滑脂黏性大可形成强度较高的油膜,可承受较大的载荷,缓冲吸振能力好,黏附力强,可防水,不需要经常更换和补充,密封结构简单。在轴径圆周速度 $v < 5$ m/s 时适用。滚动轴承润滑脂的填充量不能超过轴承空间的 $1/3 \sim 1/2$。但转速较高时,功率损失较大。

油润滑的摩擦阻力小,润滑可靠,便于散热冷却。但需要供油设备和较复杂的密封装置。当采用油润滑时,当转速不超过 10 000 r/min 时,可以采用简单的浸油法,油面高度不能超出轴承中最低滚动体的中心;高于 10 000 r/min 时,搅油损失增大,引起油液和轴承严重发热,宜采用喷油或油雾润滑。

（八）滚动轴承的密封

轴承密封装置是为了防止外部的灰尘、水分及其他杂物进入轴承,并阻止轴承内润滑剂的流失。密封分接触式密封和非接触式密封两类。

1.接触式密封

接触式密封是在轴承盖内放毡圈、密封圈,使其直接与转动轴接触,起到密封作用。由于工作时,轴与毛毡等相互摩擦,故这种密封适用于低速,且要求接触处轴的表面硬度大于 40 HRC,粗糙度 $Ra<0.8\ \mu m$。

（1）毡圈密封

矩形细毛毡圈压在轴承端盖梯形槽中与轴接触,如图 11-35(a)所示,适用于脂润滑。这种密封结构简单,成本低,环境清洁,但摩擦较严重,密封不太可靠,不能防止稀油渗漏。适用于轴颈圆周速度 $v<5\ m/s$,工作温度 $<90\ ℃$ 的场合。

（2）密封圈密封

密封圈为标准件,由耐油皮革或橡胶制成,有或无骨架,放入轴承端盖的槽内,利用环形螺旋弹簧,将密封圈的唇部压在轴上,如图 11-35(b)所示。

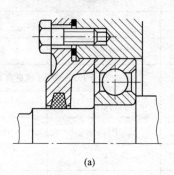 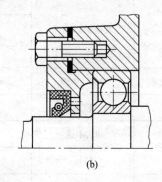

(a)   (b)

图 11-35　接触式密封

图中唇部向外,可防止尘土入内;如唇部向内,可防止油泄漏,当采用两个密封圈相背时,可防尘又可密封。其密封效果比毛毡密封好,密封圈密封适用于油润滑或脂润滑。这种结构安装方便,使用可靠,适用于轴颈圆周速度 $v<7\ m/s$,工作温度在 $-40\sim100\ ℃$ 的场合。

2.非接触式密封

非接触式密封是利用狭小和曲折的间隙密封,不直接与轴接触,故可用于高速。

（1）间隙密封

在轴与轴承盖的通孔壁之间留有 $0.1\sim0.3\ mm$ 的环形间隙,在轴承盖上车出沟槽,槽内填满润滑脂,以起密封作用,如图 11-36(a)所示。这种形式结构简单,适用于轴径圆周速度小于 6 m/s 的润滑脂润滑。

（2）迷宫密封

在旋转的轴与固定的轴承盖间有曲折的间隙,缝隙间填满润滑脂以加强密封效果,如图 11-36(b)所示。纵向间隙要求 $1.5\sim2\ mm$,以防轴受热膨胀。迷宫密封适用于脂润滑或油润

机械基础

滑,适用于工作环境要求不高,密封可靠的场合。也可将毡圈和迷宫组合使用,其密封效果更好。

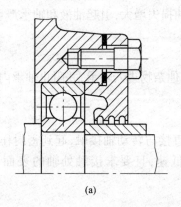 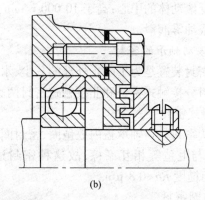

(a)   (b)

图 11-36　非接触式密封

八、滚动轴承与滑动轴承的特点

滚动轴承与滑动轴承性能比较见表 11-5。

表 11-5　轴承性能比较

比较项目		滚动轴承	滑动轴承		
			非液体轴承	液体轴承	
				动压式	静压式
一对轴承的效率		0.95~0.99	0.94~0.98	0.995~0.999（或更高）	
旋转精度		较高	较低	较高	很高
适用工作速度		低、中速	低速	中、高速	任何速度
寿命		较短	较长	长	长
噪声		大	无	无	无
起动摩擦阻力		小	较大	较大	小
承受冲击振动能力		低	较低	高	高
外廓尺寸	径向	大	小	小	小
	轴向	小	大	大	大
使用润滑剂		润滑油或润滑脂	润滑油或润滑脂	润滑油	润滑油
维护要求		润滑简单、维护方便	需要一定的润滑装置	需经常检查润滑装置、换油	需经常检查润滑装置、换油
价格		价格便宜	价格适中	价格较高	价格高
安装精度要求		安装精度高	安装精度不高	安装精度高	安装精度高
其他		一般是大量供应的标准件	一般要自行加工,要耗用有色金属		

一、填空题

1.滑动轴承摩擦状态分为_____状态、_____状态和_____状态。

2.根据承受载荷方向的不同,滑动轴承可分为_____轴承和_____轴承。

3.轴承是支承_____的部件,用来引导轴作_____运动,保证轴的_____精度。

4.轴颈相对于支座孔作相对滑动摩擦转动称为_____轴承。

5.只能承受径向载荷的滑动轴承称为_____轴承。

6.轴瓦材料要求是良好的减_____性、耐_____性和抗_____性。

7.润滑目的在于_____摩擦,_____磨损,_____轴承效率。

8.润滑还有_____散热、_____吸振、_____封和防_____的作用。

9.润滑对于机器的_____能力、_____效率、使用_____有重大的影响。

10.要达到润滑的目的,必须选择合适的_____剂及合理的_____方式。

11.利用油泵产生形成压力油膜,使滑动表面分开,称为液体_____滑动轴承。

12.利用轴径的高速旋转形成压力油膜,称为液体_____滑动轴承。

13.典型的滚动轴承由_____、_____、_____和_____组成。

14.公称接触角越大,滚动轴承承受轴向载荷的能力就越_____。

15.滚动轴承的基本代号由_____代号、_____代号和_____代号构成。

16.轴承 6205 表示轴承类型为_____轴承,内径_____mm,直径系列为_____。

17.轴承 7308 表示轴承类型为_____轴承,内径_____mm,直径系列为_____。

18.轴承 3410 表示轴承类型为_____轴承,内径_____mm,直径系列为_____。

19.轴的中心线与轴承座孔中心线有偏差时选用_____轴承。

20.滚动轴承的失效形式是_____点蚀、_____变形和_____。

21.滚动轴承转动的套圈采用_____配合,固定的套圈常采用_____配合。

22.密封按照其原理不同可分为_____密封和_____密封两大类。

二、判断题

1.轴承用来引导轴作旋转运动,并承受由轴传给机架的载荷。 （ ）

2.液体摩擦状态是滑动轴承工作的最理想状态。 （ ）

3. 整体式滑动轴承结构简单、造价低、装配方便。 （　　）

4. 剖分式滑动轴承装拆方便,磨损后能调整孔与轴的间隙。 （　　）

5. 轴颈相对于支座孔作滚动摩擦转动称为滑动轴承。 （　　）

6. 只能承受轴向载荷的滑动轴承称为径向滑动轴承。 （　　）

7. 滑动轴承结构简单,易于制造,可以剖分,便于拆装。 （　　）

8. 滑动轴承有良好的耐冲击和吸振性能,运转平稳,旋转精度较高,寿命长。 （　　）

9. 滚动轴承的优点是摩擦阻力小、启动灵敏、效率高、运转精度较高。 （　　）

10. 滚动轴承的缺点是承受冲击载荷能力差,高速时噪声大,高速重载寿命低。 （　　）

11. 典型的向心滚动轴承由外圈、内圈、滚动体和保持架组成。 （　　）

12. 滚动轴承的外圈装在支座孔内,并与支座孔一起转动。 （　　）

13. 滚动轴承的内圈装在轴颈上,并与轴颈一起转动。 （　　）

14. 滚动轴承的保持架使滚动体均匀分布隔开,避免相邻滚动体之间的接触。 （　　）

15. 能自动适应角倾斜的轴承,称为调心轴承。 （　　）

16. 滚子轴承比球轴承的承载能力和抗冲击能力大。 （　　）

17. 轻载和要求旋转精度较高的场合应选择球轴承。 （　　）

18. 载荷较大、有振动和冲击时,应选用滚子轴承。 （　　）

19. 球轴承比滚子轴承的极限转速高,高速情况下应优选球轴承。 （　　）

20. 在使用调心轴承的轴上,一般不宜使用其他类型的轴承。 （　　）

21. 球轴承比滚子轴承便宜,在能满足需要的情况下应优先选用球轴承。 （　　）

22. 相同尺寸的滚子轴承的承载能力大于球轴承的承载能力。 （　　）

23. 毛毡圈密封用于脂润滑、油润滑效果都好。 （　　）

24. 滚动轴承内圈与轴颈的配合为基轴制,外圈与轴承座孔的配合为基孔制。 （　　）

三、选择题

1. 两摩擦表面被形成的极薄边界油膜部分隔开的是＿＿＿＿＿＿。
 A. 干摩擦状态　　　　B. 边界摩擦状态　　　　C. 液体摩擦状态

2. 两摩擦表面的润滑状态可以减小摩擦、减轻磨损的是＿＿＿＿＿＿。
 A. 干摩擦状态　　　　B. 边界摩擦状态　　　　C. 液体摩擦状态

3. 径向接触滚动轴承中＿＿＿＿＿＿。
 A. $\alpha = 0°$　　　　B. $0° < \alpha \leq 45°$　　　　C. $45° < \alpha < 90°$

4. 向心角接触滚动轴承包括＿＿＿＿＿＿。
 A. 圆柱滚子轴承　　　B. 圆锥滚子轴承　　　C. 推力球轴承

5. 滚动轴承受纯径向载荷,应选用＿＿＿＿＿＿。
 A. 深沟球轴承　　　　B. 推力球轴承　　　　C. 推力角接触轴承

6. 滚动轴承受径向载荷较大,轴向载荷较小时,应选用＿＿＿＿＿＿。
 A. 圆柱滚子轴承　　　B. 角接触球轴承　　　C. 推力球轴承

7. 滚动轴承受径向载荷和轴向载荷均较大,应选用＿＿＿＿＿＿。
 A. 深沟球轴承　　　　B. 圆锥滚子轴承　　　C. 推力球轴承

8. 滚动轴承受纯轴向载荷,应选用＿＿＿＿＿＿。
 A. 推力角接触轴承　　B. 角接触球轴承　　　C. 推力球轴承

第十二章
联轴器与离合器

将两轴的轴端直接连接起来以传递运动和动力的连接形式称为轴间连接,通常采用联轴器和离合器来实现。联轴器、离合器是机械中常用的部件,如图 12-1 所示的传动带机械装置就有联轴器和离合器的使用。在机器中使用联轴器和离合器的目的就是为了实现两轴的连接,以便于共同回转并传递动力。

联轴器和离合器都能把不同部件的两根轴连接成一体。两者之间的区别是联轴器是一种固定连接装置,在机器运转过程中被连接的两根轴始终一起转动而不能脱开,只有在机器停止运转并把联轴器拆开的情况下,才能把两轴分开;而离合器则是一种能随时将两轴

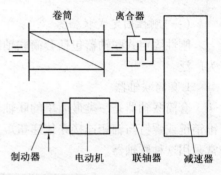

图 12-1 传动带示意图

接合或分离的可动连接装置,从而达到操纵机器传动系统的断续,以便进行变速和换向等。

第一节 联 轴 器

一、联轴器概述

1.联轴器的位移

联轴器所连接的两轴,由于制造及安装误差、承载后的变形以及温度变化的影响等,联轴器所连接的两轴轴线往往不能保证严格的对中,会产生径向位移、轴向位移、角度位移或是综合位移,如图 12-2 所示。这就要求所设计的联轴器,要从结构上采取各种措施,使之具有适应一定范围的相对位移的性能,即有一定的补偿两轴各种位移和偏斜的能力。否则,工作中这种位移会在轴、轴承和联轴器中引起附加的动载荷,甚至出现强烈的振动,破坏机器的正常工作。

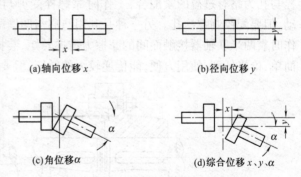

(a)轴向位移 x (b)径向位移 y

(c)角位移 α (d)综合位移 x、y、α

图 12-2 联轴器位移类型

2.联轴器的分类

根据联轴器有无弹性元件,可以将联轴器分为两大类,即刚性联轴器和弹性联轴器。刚性联轴器又根据其结构特点是否具有补偿两轴位移的能力,分为刚性固定式和刚性可

移动式两类。

刚性固定式没有补偿两轴位移和偏斜的能力,用于两轴严格对中并在工作中不发生相对位移的场合。

刚性可移式联轴器是依靠联轴器中刚性零件之间的活动度,来补偿两轴之间产生的各种位移。用于两轴线有一定限度的偏斜并在工作时可能发生位移的场合,应用广泛。

弹性联轴器是一种可移式联轴器,依靠联轴器中弹性零件的变形,来补偿两轴之间产生的位移和偏斜。弹性联轴器视其所具有弹性元件材料的不同,又可以分为金属弹簧式和非金属弹性元件式两类,弹性联轴器不仅能在一定范围内补偿两轴线间的位移,还具有缓冲减振的作用。

二、常用联轴器

(一)刚性固定式联轴器

刚性固定式联轴器包括套筒联轴器、凸缘联轴器和夹壳联轴器等,其中凸缘联轴器应用最为广泛。

1.套筒联轴器

套筒联轴器是一类最简单的联轴器(图 12-3),这种联轴器是一个圆柱形套筒,用两个圆锥销键或螺钉与轴相连接并传递扭矩。此种联轴器没有标准,需要自行设计,例如机床上就经常采用这种联轴器。

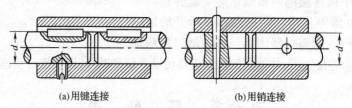

(a)用键连接　　　　　　　　(b)用销连接

图 12-3　套筒联轴器

2.凸缘联轴器

凸缘联轴器是由两个半联轴器(凸缘盘)和连接螺栓组成,如图 12-4 所示。半联轴器与轴间用键连接。凸缘联轴器有两种对中的方法:一种是用铰制孔螺栓(Ⅱ型)来实现对中,螺栓与孔为略有过盈的紧配合,工作时靠螺栓受剪与挤压来传递转矩,装拆时不需要做轴向移动,但要配铰制螺栓孔。另一种是利用凸肩与凹槽配合(Ⅰ型)来实现对中,并用螺栓连接,工作时靠两半联轴器接触面间的摩擦力传递转矩,装拆时需要做轴向移动。凸缘式联轴器结构简单、价格低廉,使用方便,能传递较大的转矩,但要求被连接的两轴必须安装准确,所承受载

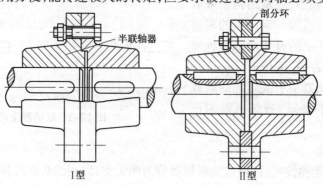

Ⅰ型　　　　　　　　Ⅱ型

图 12-4　凸缘联轴器

荷要较平稳。且径向尺寸较大。

由于刚性固定式联轴器是使两轴刚性地连接在一起，所以在传递载荷时不能缓和冲击和吸收震动。此外要求对中精确，否则由于两轴偏斜或不同心将会引起附加载荷和严重磨损。

（二）刚性可移式联轴器

1.齿式联轴器

齿式联轴器如图 12-5 所示，由两个带有外齿的凸缘套筒（内装键与轴连接）与两个带有内齿的外套筒相啮合，两个外套筒用螺栓连接成一体。内外套筒的齿轮齿数、模数相同，压力角为 20°的渐开线齿轮。

为能补偿两轴的相对位移，将外齿环的轮齿做成鼓形齿，齿顶做成中心线在轴线上的球面，齿顶和齿侧留有较大的间隙。齿式联轴器允许两轴有较大的综合位移。当两轴有位移时，联轴器齿面间因相对滑动产生磨损。

这种联轴器转速高，传递扭矩大，补偿的偏斜位移大，外廓尺寸较紧凑，可靠性高；但结构复杂，制造成本高，重量大，用于高速重载的重型机械。

2.十字头滑块联轴器

十字头滑块联轴器如图 12-6 所示，是由两个端面开有凹槽的套筒（内装键与轴连接），与两端面具有互相垂直十字头凸块的浮动滑块组成。十字头滑块分别嵌入两套筒凹槽中，将两轴联为一体，并可在套筒的凹槽中滑动。故允许一定的径向位移和角位移。

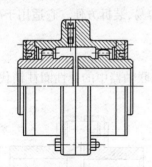

图 12-5　齿式联轴器

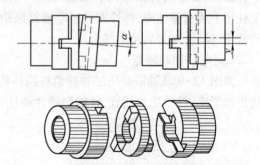

图 12-6　十字头滑块联轴器

十字头滑块联轴器其结构简单、浮动性大，但转速高时，十字头滑块离心力较大，增大动载荷及磨损。适用低、中速轴连接。这种联轴器一般用于转速 $n<250$ r/min，轴的刚度较大，且无剧烈冲击的场合。

3.万向联轴器

万向联轴器又称万向铰链机构，如图 12-7(a)所示，是由两个具有叉形接头和一个十字销组成。用以传递两轴间夹角可以变化、两相交轴之间的运动。这种机构广泛地应用于汽车、机床、轧钢等机械设备中。万向接头与轴用销连接。两轴角位移可达 35°~45°。万向联轴器当主动轴转动一周时，从动轴也将随之转一周，两轴的平均传动比不变。但是，两轴的瞬时传动比却是作周期性变化的。这种特性称作瞬时传动比的不均匀性。这将增大联轴器的动载荷，产生冲击和振动。为了避免从动轴与主动轴瞬时角速度的变化，一般成对使用如图12-7(b)所示，中间为伸缩轴。

（三）弹性联轴器

在弹性联轴器中，由于安装有弹性元件，它不仅可以补偿两轴间的相对位移，而且有缓冲和吸振的能力。故此，适用于频繁启动、经常正反转、变载荷及高速运转的场合。

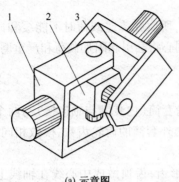
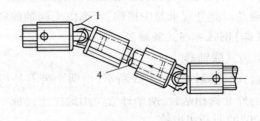

(a) 示意图　　　　　　　　(b) 成对使用的万向联轴器

图 12-7　万向联轴器

1、3—万向接头；2—十字销；4—伸缩轴

制造弹性元件的材料有金属和非金属两种。非金属材料有橡胶、尼龙和塑料等，其特点为重量轻、价格便宜，有良好的弹性滞后性能，因而减振能力强，但橡胶寿命较短。常用的非金属弹性联轴器有弹性圈柱销联轴器、尼龙柱销联轴器和轮胎式联轴器。金属材料制造的弹性元件，主要是各种弹簧，其强度高、尺寸小、寿命长，主要用于大功率。

1.弹性圈柱销联轴器

如图 12-8 弹性圈柱销联轴器与凸缘联轴器相似，但用弹性圈柱销代替铰制孔螺栓。由于柱销上装有弹性圈，弹性圈柱销联轴器结构简单，制造容易，装拆方便。它适用于高速运转，经常正、反转，频繁启动的场合。

2.尼龙柱销联轴器

如图 12-9 联轴器是用尼龙柱销与挡环将弹性圈柱销联轴器中的弹性圈柱销代替。其结构更加紧凑，造价更加便宜，性能与弹性圈柱销联轴器相似。

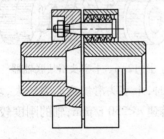

图 12-8　弹性圈柱销联轴器

图 12-9　尼龙柱销联轴器

3.轮胎式联轴器

轮胎式联轴器如图 12-10 所示。

用橡胶或橡胶织物制成轮胎状的弹性元件，用螺栓与两半联轴器连接而成。轮胎环中的橡胶织物元件与低碳钢制成的骨架硫化黏结在一起，骨架上焊有螺母，装配时用螺栓与两半联轴器的凸缘连接，依靠拧紧螺栓在轮胎环与凸缘端面之间产生的摩擦力来传递转矩。它的特点是弹性强、补偿位移能力大，有良好的减振能力，噪声小，而且结构简单，不需要润滑，装拆和维护方便。其

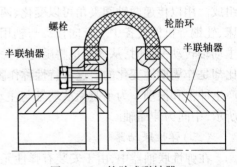

图 12-10　轮胎式联轴器

缺点是承载能力小,外形尺寸较大,当转矩较大时会因为过大的扭转变形而产生附加轴向载荷。

三、常用联轴器的选用

常用联轴器的种类很多,大多数已标准化和系列化,一般不需要设计,直接从标准中选用即可。选择联轴器的步骤是:先选择联轴器的类型,再选择型号。

1.联轴器类型的选择

联轴器的类型应根据机器的工作特点和要求,结合各类联轴器的性能,并参照同类机器的使用来选择。

一般如两轴的对中要求高,轴的刚度大,传递的转矩较大,可选用套筒联轴器或凸缘联轴器。

当安装调整后,难以保持两轴严格精确对中、工作过程中两轴将产生较大的位移时,应选用有补偿作用的联轴器。例如当径向位移较大时,可选用十字滑块联轴器,角位移较大时或相交两轴的连接可用万向联轴器等。

两轴对中困难、轴的刚度较小、轴的转速较高且有振动时,则应选用对轴的偏移具有补偿能力的弹性联轴器;特别是非金属弹性元件联轴器,由于具有良好的综合性能,广泛适用于一般中小功率传动。

对大功率的重载传动,可选用齿式联轴器;对严重冲击载荷或要求消除轴系扭转振动的传动,可选用轮胎式联轴器等具有较高弹性的联轴器。

在满足使用性能的前提下,应选用拆装方便、维护简单、成本低的联轴器。例如刚性联轴器不但简单,而且拆装方便,可用于低速、刚性大的传动轴。

2.联轴器型号的选择

联轴器的型号是根据所传递的转矩、轴的直径和转速,从联轴器标准中选用的。具体选择参见有关资料。

第二节　离　合　器

一、离合器概述

使用离合器是为了按需要随时分离和接合机器的两轴,其功能是用来操纵机器传动系统的断续,以便进行变速及换向等。如汽车临时停车而不熄火。对离合器的基本要求是:接合平稳、分离迅速;操纵省力方便;质量和外廓尺寸小;维护和调节方便;耐磨性好等。

二、离合器类型

常用离合器有牙嵌离合器、摩擦离合器和超越离合器三种。

(一)牙嵌离合器

牙嵌离合器是由两个端面带牙的半离合器所组成,如图12-11(a)所示,用两个可以互相啮合的端面侧齿的接合与分离来实现两轴离合,其固定套筒半离合器与主动轴用键连接,滑动套筒半离合器与从动轴用导向平键连接。通过操纵机构可使滑动套筒上的滑环沿导向平键向左做轴向移动,使两套筒牙嵌相接合,从而使主、从动轴联成一体,一起转动;拨动滑环向右可以使两轴分离。两套筒之间有对中环3保证二轴的同轴度。从动轴可以在对中环中自由地转动。

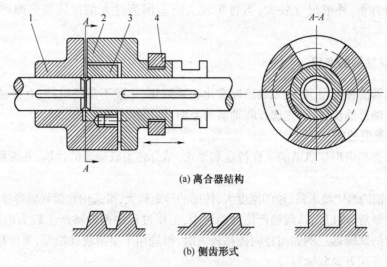

(a) 离合器结构

(b) 侧齿形式

图 12-11　牙嵌离合器

1、2—套筒;3—对中环;4—滑环

牙嵌离合器的牙形常用的有矩形、梯形和锯齿形,如图 12-11(b)所示。矩形牙不便接合与分离,仅用于静止时手动接合;梯形牙的侧面制成 $\alpha = 2° \sim 8°$ 的斜角,牙强度较高,能传递较大的转矩,又能自行补偿由于磨损造成的牙侧间隙,从而避免牙侧间隙而产生的冲击,接合与分离比较容易,故应用较为广泛;锯齿形牙的强度高,能传递更大的转矩,但锯齿形牙只能单向工作,而梯形牙可以双向工作。

牙嵌离合器结构简单,外廓尺寸小,制造容易,接合后所连接的两轴不会发生相对转动。但传递扭矩不大,并有振动,且必须在低速或停车时进行啮合,以免打牙。宜用于主、从动轴要求完全同步的两轴连接。

(二)摩擦离合器

摩擦离合器是靠主、从动半离合器接触表面之间的摩擦力来传递转矩的离合器,通称为摩擦离合器,它可以在任意速度下平稳接合,冲击、振动小;而且过载打滑,能保护其他零件不致损坏,比较安全。但不能严格保持传动比,而且结构也较复杂。

1.圆锥面离合器

圆锥面离合器(图 12-12)是用互相配合的内外圆锥面组成的。靠内外圆锥面上由从动半离合器的轴向移动、压紧得到的正压力而产生的摩擦力使从动轴转动。它结构简单,可以在运转时任意离合,但摩擦面小,容易损坏,尺寸大,用于不重要机械。

2.单片摩擦离合器

单片摩擦离合器(图 12-13)主动盘固定在主动轴上,从动盘用花键连接与从动轴连接,它可以沿轴向滑动。为了增加摩擦系数,在一个盘的表面上装有摩擦片,摩擦面是由棉布或石棉布做成。工作时利用操纵机构,在可移动的从动盘上施加轴向压力 F_N(可由弹簧、液压缸或电磁吸力等产生),使两盘压紧,产生摩擦力来传递转矩。摩擦片与从动轴压合弹簧将摩擦片压向主动轴圆盘。与主动轴一起旋转,停转时踏板作用力与弹簧压力抵消,主、从动轴分离。

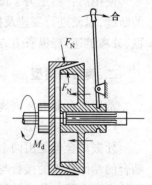

图 12-12　圆锥面离合器

3.多片式摩擦离合器

多片式摩擦离合器(图12-14)是靠插入外鼓轮的外摩擦片联结主动轴,与插入套筒的内摩擦片连接从动轴组成的。拨动滑环通过杠杆使内外摩擦片靠紧或分离。靠紧时,外摩擦片带动内摩擦片,从而主动轴带动从动轴运转。反之摩擦片分离,主动轴与从动轴互不相关。

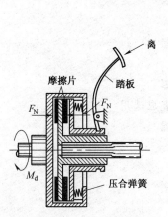
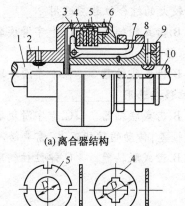
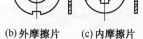

图12-13　单片摩擦离合器

图12-14　多片式摩擦离合器

1—主动轴;
2—外鼓轮;
3—压板;
4—内摩擦片;
5—外摩擦片;
6—螺母;
7—曲臂压杆;
8—滑环;
9—套筒;
10—从动轴

习　题

一、填 空 题

1.联轴器可分为_____性联轴器和_____性联轴器两大类。

2.刚性联轴器分为刚性_____式和刚性_____式两类。

3.刚性固定式联轴器没有补偿两轴_____的能力。

4.要求两轴在任何转速下都能接合,应选用_____离合器。

5.对中困难,轴的刚度较差时可选用具有补偿能力的_____联轴器。

6.径向位移较大时可选用_____联轴器。

7.两轴间有较大角位移或相交两轴的连接,可选用_____联轴器。

8.对大功率的重载传动,两轴间有较大综合位移时可选用_____联轴器。

9.弹性圈柱销联轴器可以缓和_____,吸收_____,并能补偿两轴间的_____。

二、判 断 题

1.离合器只有在机器停止运转并把联轴器拆开的情况下,才能把两轴分开。　　(　　)

2.联轴器能随时将两轴接合或分离。　　(　　)

3.联轴器要求具有补偿两轴各种位移和偏斜的能力。　　(　　)

4.刚性固定式联轴器具有补偿位移和偏斜的能力。　　(　　)

5.弹性联轴器不仅能补偿两轴线间的位移,还具有缓冲减振的作用。　　(　　)

三、选择题

1.若两轴刚性较好,且安装时能精确对中,可选用_____。

    A.凸缘联轴器   B.齿式联轴器   C.弹性柱销联轴器

2.若传递扭矩大,补偿较大的综合位移应选用_____。

    A.万向联轴器   B.齿式联轴器   C.十字滑块联轴器

3.若补偿较大的径向位移应选用_____。

    A.万向联轴器   B.齿式联轴器   C.十字滑块联轴器

4.若补偿较大的角度位移应选用_____。

    A.万向联轴器   B.齿式联轴器   C.十字滑块联轴器

5.对中困难,轴的刚度较差,传动的转矩不大,需要缓冲吸震应选用_____。

    A.凸缘联轴器   B.齿式联轴器   C.弹性柱销联轴器

第十三章
实训与社会实践指导

机械设计基础是一门实践性非常强的课程,特别注重理论与实际的结合。很多时候实践经验比理论能更好的解决实际问题。

课程中的实训是必不可少的一个环节,通过实训可使学生更加深刻理解机器的组成、原理和结构,可以培养自我提出问题、分析问题和解决问题的能力。这对于培养学生的创新意识和动手能力具有课本和讲授所不能替代的作用。

社会实践就是让学生在现实生活中,发现和找到自己在课堂所学知识的具体应用。这对于由理论学习到实践,再由实践进一步深入理论学习,显得尤为重要。它对于把学生的知识转化为实践能力、动手能力和解决实际问题的能力,起着决定性的作用。

实训一 绘制平面机构运动简图与组装平面连杆机构

一、实训目的

1.掌握根据实际机构或模型的结构测绘一般平面机构简图的技能。
2.掌握平面机构自由度的计算及其验证机构具有确定运动的条件。
3.掌握对组装机构进行机构分析的基本方法,培养学生动手能力、思维能力和创造能力。

二、实训要求

1.提高学生对机构的感性认识,会把实际机构抽象成简单的简图符号。
2.会正确使用比例尺画机构运动简图。
3.能够对机构进行分析,计算机构自由度,判明机构是否有确定的运动。
4.能够正确组装基本机构。

三、实训设备和工具

1.各种机器实物或机构模型 1~2 个。
2.机构组装件若干套。
3.300 mm 钢板尺、手钳、小扳手。
4.自备绘图工具。

四、实训方法及步骤

1.测绘原理
从运动的观点来看,各种机构都是由构件通过各种运动副的连接所组成,机构运动仅与组成机构的构件数目、运动副的类型、运动副数目、相对位置有关。在测绘机构运动简图时,撇开构件的复杂外形和运动副的具体构造,用简略的符号来代表构件和运动副,按一定比例表示运动副的相对位置,以此表明实际机构的运动特征。

2.测绘方法及组合要求

(1)先使被测机构模型缓慢地运动,从原始件开始,仔细观察机构的运动,弄清各运动单元。认清机架、原动件和从动件。从而确定组成机构的构件数目(原动件数目用 L 表示)。

(2)由原动件出发,按照运动传递的顺序,仔细分析相连接的两构件间的接触方式及相对运动的性质,从而确定运动副的类型和数目。

(3)合理选择投影面。一般选择机构多数构件的运动平面作为投影面,如果一个投影面不能将机构的运动情况表达清楚,可另行补充辅助投影面。

(4)适当确定原动件的位置,选定适当的比例,定出各运动副之间的相对位置,并用规定的构件和运动副的符号,从原动件开始依次绘制机构运动简图。

(5)机构运动简图上各构件的尺寸、运动副的相对位置及其性质应保持与原机构的特性一致;机构运动简图应保持原机构的组成特点及运动特点。

(6)先画出曲柄摇杆机构、摇块机构运动简图,确定各构件的尺寸,再用机构装件组装出曲柄摇杆机构、摇块机构,并分析机构运动的确定性。

(7)先画出能实现把主动整周转动,转换为从动的往复直线移动机构运动简图,确定各构件的尺寸,再组装出模型,并分析机构运动的确定性。

例 13-1　绘制图 13-1 所示偏心轮机构运动简图

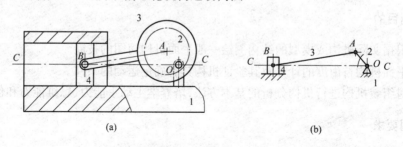

图 13-1　偏心轮机构

(1)当使原动件(偏心轮)运动时可发现机构具有四个运动单元,机架 1 相对静止;偏心轮 2 相对机架作旋转运动;连杆 3 相对机架作复杂的平面运动;滑块 4 相对机架作直线移动。

(2)根据各相互连接的构件间的接触情况可知,全部四个运动副均系低副。构件 2 相对机架 1 绕 O 点旋转,组成一个转动副,其转动副中心在 O 点;构件 3 相对构件 2 绕 A 点旋转,组成第二个转动副,其转动中心在 A 点;构件 4 相对构件 3 绕 B 点回转,组成第三个转动副,其转动中心在 B 点;构件 4 相对机架 1 沿 C-C 直线作移动,组成一个移动副,其导路方向同 C-C。

(3)该机构为平面机构,选择构件的运动平面为投影面。

(4)适当确定原动件 2 的位置,首先画出偏心轮 2 与机架 1 组成的转动副 O 以及滑块 4 与机架 1 组成移动副的导路 C-C,然后以一定比例画出连杆 3 与偏心轮 2 组成的转动副中心 A(A 是偏心轮的几何中心)。线段 OA 称为偏心距,即曲柄的长度。再用同一比例画出滑块 4 与连杆 3 组成的转动副轴心 B,B 应在 C-C 上。线段 AB 代表连杆 3 的长度。最后用构件和运动副的符号相连接,并用数字标注各构件,如图 13-1(b)所示。

（5）计算机构自由度 F。机构自由度计算公式

$$F=3n-2P_{\mathrm{L}}-P_{\mathrm{H}}$$

式中　n——活动构件数；

　　P_{L}——低副数目；

　　P_{H}——高副数目。

五、测绘画图注意事项

1. 一个构件上有 3 个运动副的表示方法。

2. 机架上的定位尺寸不要漏掉。

3. 标定原动件。

4. 两个运动副不在同一平面时，其相对位置尺寸测量方法。

5. 一般旋转件的旋转中心是它相对回转表面的几何中心。

6. 计算各机构的自由度数，并将结果与实际结构相对照，说明此机构是否具有确定运动。

六、实训报告

机构运动简图绘制实训报告

机构名称	机 构 运 动 简 图	机构自由度计算	
		$n=$	
		$P_{\mathrm{L}}=$	
		$P_{\mathrm{H}}=$	
		$F=$	
		$L=$	
		运动是否确定：	
		$n=$	
		$P_{\mathrm{L}}=$	
		$P_{\mathrm{H}}=$	
		$F=$	
		$L=$	
		运动是否确定：	

机构组装实训报告

机构名称	机 构 运 动 简 图	机构自由度计算	
		$n=$	
		$P_{\mathrm{L}}=$	
曲柄摇杆机构		$P_{\mathrm{H}}=$	
		$F=$	
		$L=$	
		运动是否确定：	

续上表

机构名称	机构运动简图	机构自由度计算
摇块机构		$n=$
		$P_L=$
		$P_H=$
		$F=$
		$L=$
		运动是否确定：
整周转动转换为往复直线移动机构		$n=$
		$P_L=$
		$P_H=$
		$F=$
		$L=$
		运动是否确定：

七、思考题

1.原动件的位置对绘制机构运动简图有无影响？为什么？

2.什么是机构的机架？一个机构有几个机架？没有机架的机构是否存在？

3.如果原动件数 L 大于机构的自由度数目 F 将会怎样？小于了又会怎样？

实训二　自行车的拆装

一、实训目的

1.加深对零件、通用零件、构件、常用零件、组件、运动副、链传动等基本概念的理解。

2.认识和掌握螺纹主要参数、连接的类型、螺纹连接件、螺纹连接的原理、放松的方法。

3.掌握链传动的结构、链轮的构造、链条的类型、链条的节距、链传动的传动比、链传动的张紧方法。

4.初步认识前轮、后轮、中轴处滚动轴承的构造、滚动体的形状、滚动轴承的安装、滚动轴承的预紧、滚动轴承的润滑。

5.培养学生对简单机械的观察能力、认识能力、分析能力、动手能力。

二、实训设备和工具

1.自行车若干辆；

2.呆头扳手1套；

3.活扳手1把；

4.锤子1把；

5.游标卡尺1把；

6.其他工具若干。

三、实训步骤

1.观察自行车的几大部件如车架、前轮、后轮、中轴、车把、车座等的组成、结构、性能、作用,以及它们与车架的连接方式。观察自行车链传动的结构和运动情况。

2.在老师的指导下拆卸自行车。

(1)拧开前轮的连接螺母,拆卸前轮。观察前轮与前叉的连接方法。

(2)拧开后轮的连接螺母,拆下链条后拆卸后轮。观察后轮与车架的连接方法、观察小链轮与后轴的连接方法。

(3)先拆卸自行车的曲柄与中轴的连接销,拆卸中轴的螺母,拆卸中轴。观察中轴与车架的连接方法,大链轮与中轴的连接方法,自行车曲柄与中轴的连接方法。

(4)拧开车把上的连接螺栓,拆卸车把与前叉。观察车把与前叉的连接方法、观察前叉与车架的连接方法。

(5)拧开车座与车架的连接螺栓,拆卸车座。观察车座与车架的连接方法。

(6)拆卸曲柄与脚蹬并观察曲柄与脚蹬的连接方法。

3.继续拆卸车架、前后车圈、中轴、车把、车座、链传动等部件,直到都是零件为止。并且记住拆卸顺序。观察组成各部件的零件的数目、形状、尺寸、结构、作用、要求等。

4.研究并讨论每个零件的结构、性能、作用。

5.按照与拆卸的相反顺序组装自行车并检查组装的结果。

四、实训注意事项

1.在拆卸和组装过程中切忌用力敲打,以免损坏自行车。

2.切记拆卸顺序并把拆下的零件按顺序放好,以免造成零件的丢失,为组装过程带来方便。

3.组装后须经老师查验方可离去。

五、实训报告

零件、部件、构件、运动副实训报告

标准零件	例如:螺栓
通用零件	例如:链轮
部件	例如:车座
构件	例如:前轮
运动副	例如:中轴与车架组成转动副

螺纹连接实训报告

螺纹连接处	螺纹连接类型	螺纹连接件	螺纹的公称直径	螺纹的头数及螺纹牙类型	螺纹的螺距	螺纹的长度	防松方法
例如:前轮与前叉螺纹连接	双头螺柱连接	双头螺柱、螺母、垫圈	10 mm	单头普通三角螺纹	1.5 mm	20 mm	摩擦防松
后轮与车架螺纹连接							
车把与前叉螺纹连接							
车座与车架的螺纹连接							
脚蹬与曲柄的螺纹连接							

链传动实训报告

链传动基本参数	主动大链轮的齿数 z_2	从动小链轮的齿数 z_1	主动大链轮的分度圆直径 d_2	从动小链轮的分度圆直径 d_1	链轮传动比 $i=\frac{z_2}{z_1}$	链条的类型	链条节距	链条节数

大链轮与中轴的连接方法：

小链轮与后轴的连接方法：

链条的接头型式：

链传动的张紧方法：

滚动轴承实训报告

序号	滚动轴承部位	滚动体类型	滚动体直径	滚动轴承润滑方法
1	前轮与前轴有滚动轴承	球形	3 mm	脂润滑
2				
3				
4				
5				

六、思 考 题

1.自行车是增速传动还是减速传动？

2.自行车的车把与前轮是不是一个构件？它们之间是怎样进行连接的？

3.自行车怎样调整前后圈轴承的间隙？

4.自行车曲柄与中轴是怎样的连接？

实训三　渐开线直齿圆柱齿轮参数测定

一、实训目的

掌握渐开线直齿圆柱齿轮基本参数的测定方法。

二、实训内容

用普通量具(千分尺)测得渐开线齿轮有关尺寸,按所测尺寸通过一定计算,确定齿轮的各基本参数：m、α、h_a^*、c^*、z、x；一对渐开线直齿圆柱齿轮啮合的基本参数有：啮合角 α'、中心距 a。

三、实训设备和工具

1.一对齿轮(齿数为奇数和偶数的各 1 个)。

2.游标卡尺 1 把 。

3.计算器、草稿纸(学生自备)。

四、实训原理和方法

1.测定公法线长度

对于标准渐开线直齿圆柱,根据渐开线法线必切于基圆的性质(图13-2),可知基圆切线 AB 与齿廓切线垂直。因此选择一定的跨齿数,使游标卡尺测爪 1 和 2 与齿轮齿廓切于 A 点和 B 点。切点不要过于靠近齿顶,也不要过于靠近齿根,最好在齿的中部,其跨齿数 k 不能随意确定,可由表13-1中查出。测得 $AB=W_k$,称为公法线长度,其公法线长度计算公式为

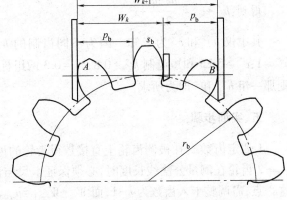

图13-2 公法线测量

$$W_k=(k-1)p_b+s_b$$

式中 p_b——标准齿轮基圆周节;

$\quad\quad s_b$——标准齿轮基圆齿厚;

$\quad\quad k$——跨齿数。

同理:若跨 $k+1$ 个时,其公法线长度应为

$$W_{k+1}=kp_b+s_b$$

与标准齿轮相比,变位齿轮的齿厚发生了变化,所以它的公法线长度与标准齿轮的公法线长度不相等,两者之差就是公法线长度的增量,它等于 $2xm\sin\alpha$。变位齿轮的公法线有:

$$W_{kx}=(k-1)p_b+s_b+2x\sin\alpha$$
$$W_{kx+1}=kp_b+s_b+2x\sin\alpha$$

2.确定齿轮的模数和压力角

由上述可得:$W_{kx+1}-W_{kx}=p_b$,又因 $p_b=p\cos\alpha=\pi m\cos\alpha$,所以

$$m=\frac{W_{kx+1}-W_{kx}}{\pi\cos\alpha}$$

α 可能是15°,也可能是20°,故分别用15°和20°代入式中算出模数,取模数最接近标准值的一组 m 和 α,即为所求齿轮的模数和压力角。

3.确定齿轮的变位系数 x

设 W_{kx} 为变位齿轮跨 k 个齿的公法线长度,W_k 为同样 m、z、α 的标准齿轮跨 k 个齿的公法线长度。有:

$$W_{kx}-W_k=2xm\sin\alpha$$

由此可得变位系数:$x=\dfrac{W_{kx}-W_k}{2m\sin\alpha}$

其中 $W_k=W'm$,而 W' 由表13-1查出。

4.测定齿高系数 h_a^* 和齿顶隙系数 c^*

为了测定 h_a^* 和 c^* 应先测出齿根高 h_f,这可由齿根圆直径 d_f 算出。对于齿数为偶数的齿轮,d_f 可用游标卡尺直接测出;对于齿数为奇数的齿轮,则需用间接法进行测量。由图13-3 有:$d_f=d_k+2H_f$,由此可求得齿根圆直径 d_f。

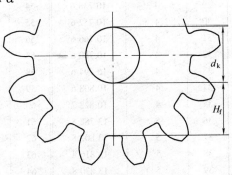

图13-3 测量齿根圆直径

由齿根圆直径：$d_f = mz - 2h_f$

得齿根高：$h_f = \dfrac{mz - d_f}{2}$

而变位齿轮齿根高的计算公式为：$h_f = m(h_a^* + c^* - x)$

得到：$h_a^* + c^* = \dfrac{mz - d_f}{2m} + x$

其中仅 h_a^* 和 c^* 为未知。因为不同齿制的 h_a^* 和 c^* 都是已知的标准值，故以正常齿制 $h_a^* = 1$；$c^* = 0.25$ 和短齿制 $h_a^* = 0.8$；$c^* = 0.3$ 两组标准值代入上式，看哪一组最接近于测定值，则那一组 h_a^* 和 * 即为所求。

五、实训步骤

1. 测定齿数 z：在被测齿轮上直接数得齿轮的齿数。

2. 齿轮在测量公法线长度时，必须保证卡尺与齿廓渐开线相切，若卡入 $k+1$ 齿时不能保证这一点，需调整卡入齿数为 $k-1$，而 $W_{kx} - W_{kx-1} = p_b$。

3. 测量公法线长度 W_{kx} 和 W_{kx+1} 及齿根圆直径 d_f、中心距 a'，读数精度至 0.01 mm。每个尺寸应测量三次，记入实验报告附表，取其平均值作为测量结果。

4. 逐个计算齿轮的参数，记入实验报告附表。

表 13-1　标准直齿圆柱齿轮的跨齿数 k 及公法线长度 W'（$m = 1$ mm，$\alpha = 20°$）

齿数	跨越齿数	$m=1$ 的公法线长	齿数	跨越齿数	$m=1$ 的公法线长	齿数	跨越齿数	$m=1$ 的公法线长
16	2	4.652 3	41	5	13.858 8	66	8	23.065 4
17	2	4.666 3	42	5	13.872 8	67	8	23.079 4
18	3	7.632 4	43	5	13.886 8	68	8	23.093 4
19	3	7.646 4	44	5	13.900 8	69	8	23.107 4
20	3	7.660 4	45	6	16.867 0	70	8	23.121 4
21	3	7.674 4	46	6	16.881 0	71	8	23.135 4
22	3	7.688 5	47	6	16.895 0	72	9	26.101 5
23	3	7.702 5	48	6	16.909 0	73	9	26.115 5
24	3	7.716 5	49	6	16.923 0	74	9	26.129 5
25	3	7.730 5	50	6	16.937 0	75	9	26.143 5
26	3	7.744 5	51	6	16.951 0	76	9	26.157 5
27	4	10.710 6	52	6	16.965 0	77	9	26.171 5
28	4	10.724 6	53	6	16.979 0	78	9	26.185 5
29	4	10.738 6	54	7	19.945 2	79	9	26.199 6
30	4	10.752 6	55	7	19.959 2	80	9	26.213 6
31	4	10.766 6	56	7	19.973 2	81	10	29.179 7
32	4	10.780 6	57	7	19.987 2	82	10	29.193 7
33	4	10.794 6	58	7	20.001 2	83	10	29.207 7
34	4	10.808 6	59	7	20.015 2	84	10	29.221 7
35	4	10.822 7	60	7	20.029 2	85	10	29.235 7
36	5	13.788 8	61	7	20.043 2	86	10	29.249 7
37	5	13.802 8	62	7	20.057 2	87	10	29.263 7
38	5	13.816 8	63	8	23.023 3	88	10	29.277 7
39	5	13.830 8	64	8	23.037 3	89	10	26.291 7
40	5	13.844 8	65	8	23.051 3	90	11	32.257 9

六、实验报告

渐开线直齿圆柱齿轮几何参数测定与分析实训报告

学生姓名			学　号			组　别		
实验日期			成　绩			指导教师		

	齿轮编号								
测量数据	齿数 z								
	跨齿数 k								
	测量次数	1	2	3	平均值	1	2	3	平均值
	k 个齿公法线长度 W_{kx}								
	$k+1$ 齿公法线长度 W_{kx+1}								
	孔径 d_{k1}								
	孔径 d_{k2}								
	奇数齿轮的 H_f								
	齿根圆直径 d_f								
	尺寸 b								
计算数据	模数 m								
	压力角 α								
	标准齿轮公法线 W_k								
	变位系数 x								
	齿顶高系数 h_a^*								
	顶隙系数 c^*								
	分度圆直径 d								
	中心距 a'								

七、思 考 题

1.通过两个齿轮的参数测定,试判别该对齿轮能否互相啮合。如能,则进一步判别其传动类型是什么?

2.在测量齿根圆直径 d_f 时,对齿数为偶数和奇数的齿轮在测量方法上有何不同?

3.公法线长度的测量是根据渐开线的什么性质?

4.影响公法线长度测量精度的因素有哪些?

实训四 渐开线齿轮范成原理

一、实训目的

1.了解范成法切制开线齿轮的原理。

2.了解标准齿轮和变位齿轮齿形的差别。

3.了解变位系数与齿轮产生根切现象的关系。

二、实训原理

本实训是用渐开线齿廓范成仪来模拟用范成法采用齿条刀具切制渐开线齿轮的加工过程,其范成仪结构如图 13-4 所示,其中图上标注的是:

1—范成仪机架;

2—范成仪转动盘;

3—扇形齿轮;

4—滑架齿条;

5—固定范成实验纸位置的固定螺栓;

6—刀具齿条;

7—毛坯齿轮(实验纸);

8—固定刀具齿条位置的固定螺栓。

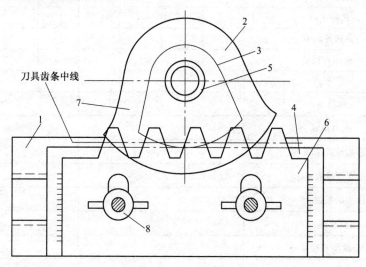

图 13-4　齿轮范成仪

当齿条 4 在机架 1 的燕尾槽滑道上移动时,通过扇形齿轮 3 和滑架齿条 4 啮合产生范成运动,即齿条 4 移动速度等于齿轮 3 分度圆处的线速度。当齿条刀具 6 的中线与毛坯齿轮 7 的分度圆(也是被切齿轮分度圆)相切时,即切制出标准齿轮。通过螺钉 7 可调整刀具齿条中线相对于毛坯齿轮 7 中心的距离切出变位齿轮。

三、实训设备和工具

1.范成实验仪 1 台;

2.实验纸 1 张;

3.小剪刀 1 把;

4.300 mm钢板尺 1 把;

5.铅笔、橡皮、计算器学生自备。

四、实训步骤

1.用范成法切制标准齿轮

（1）将裁成的实验纸（毛坯齿轮）用固定螺栓压在转盘上调好位置。

（2）调整刀具齿条6相对于毛坯齿轮7位置，以保证刀具齿条中线与毛坯齿轮分度圆相切，用固定螺栓将毛坯齿轮7固定在滑架齿条4上，并记下刻度位置。

（3）自左至右将滑架齿条在范成仪机架燕尾槽中移动，每移动2~3 mm即用铅笔将齿条刀的齿廓画在实验纸上，相当于刀具齿条范成毛坯齿轮一次。这样继续不断移动滑架齿条，刀具齿条和毛坯齿轮在不断地进行范成运动，刀具齿廓在范成运动中的各个位置相继画在毛坯齿轮上，这一系列刀具齿条位置的包络线即是毛坯齿轮轮齿的齿廓，直到范成完整的2~3个轮齿为止。

2.用范成法切制变位的齿轮

（1）将滑架齿条上的固定螺栓松开，将刀具齿条移到所需的刻度上。取正变位 $x=0.5$ 或负变位 $x=-0.5$，移动量为 xm。用固定螺栓紧住刀具齿条。

（2）松开实验纸螺栓将实验纸调到所需位置重新用固定螺栓压紧。

（3）与画标准齿轮齿廓一样，自左至右将滑架齿条在范成仪机架燕尾槽中移动，直到画出变位齿轮的齿廓2~3个轮齿。

五、实训报告

齿轮范成加工实训报告

名　称　　　　类　型	标准齿轮	正变位齿轮	负变位齿轮
m			
z			
α			
h_a^*			
c^*			
x			
r_a			
r_f			
r_b			
r			

六、思考题

1.标准齿轮和变位齿轮有何区别？

2.用刀具齿条加工标准齿轮时，刀具和轮坯的相对位置和相对运动有何要求？

3.用范成法加工标准齿轮产生根切的原因是什么？怎样避免？

实训五　减速器的拆装及其轴系的结构分析

一、实训目的

1.通过对减速器的拆装与观察，了解减速器的整体结构、功能。

2.通过减速器的结构分析，了解其如何满足功能要求和强度、刚度要求、加工工艺要求、装配工艺要求及润滑与密封等要求。

3.通过对减速器中某轴系部件的拆装与分析,了解轴上零件的定位方式、轴系与箱体的定位方式、轴承及其间隙调整方法、密封装置等;观察与分析轴的工艺结构。为合理设计轴系部件积累实际知识。

4.通过对不同类型减速器的分析比较,加深对机械零、部件结构设计的感性认识,为机械零、部件设计打下基础。

二、实训设备和工具

1.单级直齿圆柱齿轮减速器 1 台;

2.双头呆扳手 1 把;

3.活扳手 1 把;

4.游标卡尺 1 把;

5.锤子、顶棒各 1 把;

6.装小零件的铁盒 1 个;

7.300 mm 钢板尺 1 把;

8.轴承拆卸器;

9.铅笔、橡皮、直尺、坐标纸(学生自备)。

三、实训步骤

1.观察减速器的整体结构,仔细观察各零件、附件的结构、用途、位置及要求。

2.在老师的指导下拆开减速器。

3.观察各轴系部件的结构,分析了解其中各零件的结构、作用和相互关系以及安装、拆卸、固定、调整这些零件的结构要求。

4.按与拆卸相反顺序装配好减速器。

5.由指导教师带领观看减速器对、错结构挂图。

四、对各实训程序要求

1.对拆装减速器要求

(1)拆卸减速器时应首先拧下固定轴承端盖的螺钉、取下轴承端盖及垫片。

(2)开启箱盖之前务必先拔出定位销,然后借助起盖螺钉打开箱盖。利用盖上的吊耳或环首螺钉起吊箱盖。拆开的箱盖与箱座应注意保护其结合面,防止碰坏或擦伤,并注意人身安全。

(3)拆卸时要记住各零件的相互位置关系和拆卸次序,以便装配时能顺序归位,小零件应放在小铁盒内,以防丢失。

(4)如遇装不上或卸不下的情况时,切忌用力敲打,应仔细检查原因或与指导教师联系,以免损坏设备。拆装轴承时须用专用工具,不得乱敲。无论是拆卸还是装配,均不得将力施加于外圈上通过滚动体带动内圈,否则将损坏轴承滚道。

2.对观察减速器、零件,附件的要求

(1)观察减速器外部结构,判断传动级数、输入轴、输出轴及安装方式。观察减速器的外形与箱体附件,了解附件的功能、结构特点和位置,测出外廓尺寸、中心距、中心高。在观察铸造箱体结构时,要注意了解凸缘的作用及宽度,轴承旁凸台的高度,加强筋的作用以及铸造拨模斜度,箱体底足结构和形状,箱座及箱盖结合面的精度及光洁度,吊耳的形状及位置,窥视孔的作用、大小及位置,箱体与轴承端盖的接触面精度及要求,箱座及箱盖的形状特点,铸造要求以及各加工面的形状、要求。

（2）在观察箱体联结件时,要注意了解各种螺栓、螺钉的结构、尺寸、布置方法、安装方法、防松方法及安装要求,箱体连接螺栓正安装和倒安装各用于何种情况,轴承端盖上的连接螺栓的尺寸、位置、分布等情况,扳手空间尺寸要求,鱼眼坑的大小及深度,定位销和起盖螺钉的结构和布置等。

（3）在观察减速器的润滑系统及密封装置时要注意齿轮的润滑方法,轴承的润滑方法,要注意油路的走向、位置及加工方法,由于齿轮和轴承的润滑对箱体和轴承端盖的结构要求。注油（由窥视孔）,示油（油标尺）,排油（放油孔）的方法、位置、结构。挡油板、封油环的形状、作用及安装方法。通气器的作用、结构、位置。由于密封而产生的箱体结合面密封方法及要求,外伸轴的排油孔密封方法及要求,窥视孔、油标尺、轴承端盖等处的密封方法及要求。

3.对观察轴系部件的要求

（1）仔细观察箱体剖分面及内部结构、箱体内轴系零部件间相互位置关系,确定传动方式。数出齿轮齿数并计算传动比,判定斜齿轮或蜗杆的旋向及轴向力、轴承型号及安装方式。绘制机构传动示意图。

（2）注意了解轴上零件的结构、排列顺序、装配顺序以及各零件的周向固定方法和轴向固定方法,轴上各个零件的形状、结构、作用、加工方法。

（3）分析轴承内圈与轴的配合,轴承外圈与机座的配合情况;轴承的周向固定和轴向固定方法;滚动轴承的型式、组合方法、安装及拆卸方法;滚动轴承的润滑、密封等问题;轴承的间隙调整方法以及轴承端盖的作用、结构、形状、尺寸及要求。

（4）为了保证轴上零件拆装、定位以及轴的工艺性,在轴的结构方面采用了哪些措施,轴每个轴段的意义、作用,对各轴段精度、配合和光洁度等方面有何不同的要求。

五、实训报告

1.完成实训报告。

减速器的主要参数实训报告

减速器名称					
齿数主要参数及传动比	小齿轮齿数 z_1	大齿轮齿数 z_2	齿轮模数 m_n	中心距 a	传动比 i
轴承代号					
齿轮润滑方式					
轴承润滑方式					
密封方式					
外廓尺寸长×宽×高					
中心高 H					
地脚螺栓孔距长×宽					

2.绘制减速器传动示意图。

3.列出减速器外观附件名称。

实践一　机构应用调研报告

一、实践目的

通过调研机构在现实中的应用实例,进一步掌握机构的类型、结构、特点及机构具有确定运动的条件。

二、实践方法

学生应多观察缝纫机中的脚踏板机构、机针上下运动机构;折叠椅的运动;中巴汽车的开门机构;无轨电车的开门机构;柱塞泵的机构;游乐场的飞毯机构;儿童玩具的运动机构;健身器材运动机构;补鞋机的运动机构;混凝土滚筒搅拌机;汽车中的运动机构;工程机械的运动机构,等等。在实际中找到一个机构,包括平面连杆机构、凸轮机构、间歇运动机构、齿轮机构、蜗轮蜗杆机构。仔细观察机构的运动,确定机构的构件数目,运动副的类型、运动副数目,画出机构运动简图(与机构原形状接近,不需要用比例)。填写调研报告。

三、调研报告

机构应用调研报告

机构应用场合	机构名称	机　构　运　动　简　图	机构自由度计算
实例 住宅小区的步行健身器	曲柄摇杆机构	 手遥杆(摇杆)　脚踏板(连杆)　曲柄　机架	$n = 3$ $P_L = 4$ $P_H = 0$ $F = 1$
			$n =$ $P_L =$ $P_H =$ $F =$

实践二　连接应用调研报告

一、实践目的

对在现实中找到的连接形式,通过分析连接的类型和结构,更好理解连接概念、连接类型、连接原理和连接作用。

二、实践方法

学生可以在现实生活中找到许多的连接形式。如:各种管道的连接、门窗的连接、家用机械产品中的连接(自行车、缝纫机、洗衣机、电冰箱等)。在现实生活中找出一种动连接;一种可拆静连接;一种不可拆静连接。填写调研报告。更希望同学在现实中找到教材中没有提到的物体的连接方法,提出疑问。可以和任课老师及同学一起进行分析、讨论,加强同学们对连接的认识。

三、调研报告

连接调研报告

序号	连接应用场合	连接可动性	连接可拆性	连接类型
例	教室的门和门框,通过合页形成的连接	动连接组成转动副	可拆连接	螺纹连接
例	学校水房中的水龙头和水管的连接	静连接	可拆连接	螺纹连接
例	本教材	静连接	不可拆连接	粘　接
1				
2				
3				
连接新方法				

实践三　常用机械材料应用调研报告

一、实践目的

通过现实中常用机械材料应用的调研,更加深刻了解这些材料的牌号、性能、热处理方式、应用场合及选用原则。

二、实践方法

常用机械材料现实生活中到处可见,学生可多注意常见的机械产品,如:自行车、缝纫机、洗衣机、电冰箱;日常生活用品,如:饭锅、炒菜锅、门锁、水管等;常用工具,如:手钳、钢锯、起子、锤子等。对这些产品的某一部位的材料进行认识、讨论和分析,填写调研报告。

三、调研报告

常用机械材料应用调研报告

材料应用场合	牌号	热处理方式	毛坯成型方法	材料特点	选用原则
例 混泥土滚筒搅拌机中的小齿轮	45 号钢	调质	锻造	属于中碳非合金钢。经过调质热处理具有较高的强度和硬度,较高的塑性和韧性。价格适中	混泥土滚筒搅拌机有冲击载荷,要求材料有一定的韧性;齿轮为开式传动,齿面磨损严重,要求应具有一定的硬度

实践四 滚动轴承市场调研报告

一、实践目的

通过调研滚动轴承的市场销售情况,了解滚动轴承的类型、代号、性能及常用滚动轴承的类型。

二、实践方法

滚动轴承是标准件,学生可以到机械产品的标准件门市部进行调研。选定一种类型滚动轴承,询问情况,填写调研报告。

三、调研报告

滚动轴承市场调研报告

销售滚动轴承商店名称	滚动轴承类型和代号	滚动轴承性能	滚动轴承的产地和单价	销量最大滚动轴承和所占比率
例 太原市第一标准件门市部	深沟球轴承 6206	主要承受径向载荷,也可承受不大的轴向载荷。转速高,承受冲击载荷能力差。应用广泛	北京万通轴承有限公司生产单价 4.9 元	深沟球轴承约为 32%

参 考 文 献

[1]胡家秀.机械基础.北京:机械工业出版社,2001.

[2]栾学刚.机械设计基础.北京:高等教育出版社,2002.

[3]赵祥.机械原理及机械零件.北京:中国铁道出版社,2004.

[4]钟建宁.机械基础.北京:高等教育出版社,2003.

[5]黄国雄.机械基础.北京:机械工业出版社,2004.

[6]张恩泽.机械基础.北京:机械工业出版社,2004.

[7]倪森.机械基础.北京:高等教育出版社,2005.